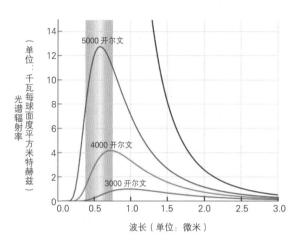

图 3-1 黑体辐射曲线

图 3-3 氢原子发射光谱（可见光波段）

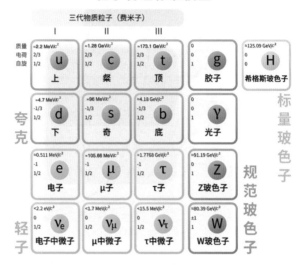

图 4-1 标准模型中的基本粒子

（本图在 CC BY-SA 4.0 许可证下使用）

图 6-2 宇宙微波背景辐射

图 8-1　热传导温度梯度

（红色代表高温，蓝色代表低温）

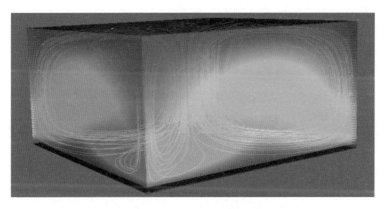

图 8-2　瑞利 – 贝纳德对流

（红色代表高温，蓝色代表低温。本图在 CC BY-SA 3.0 许可证下使用）

TURING 图灵新知

WHAT IS PHYSICS

什么是物理

赵智沉 著

近代物理篇
用物理学的视角看世界

人民邮电出版社

北　京

图书在版编目（CIP）数据

什么是物理：用物理学的视角看世界. 近代物理篇 / 赵智沉著. -- 北京：人民邮电出版社，2024.3
（图灵新知）
ISBN 978-7-115-63562-4

Ⅰ.①什… Ⅱ.①赵… Ⅲ.①物理学—普及读物
Ⅳ.①O4-49

中国国家版本馆CIP数据核字(2024)第017601号

内 容 提 要

本书为年轻人献上了一堂精彩的物理通识课，分为上、下两册，分别为经典物理篇和近代物理篇。全书从时间、空间等基本概念开始讲起，基于粒子宇宙图景、力学逻辑等核心思想，构建了质量、能量、动量等相对复杂的概念。在这个框架下，本书用简单的原理和公式解释了日常生活中的直观现象，逐渐搭建起一座物理学大厦。作者用生动通俗的语言描述了搭建物理学大厦的每一步，让我们明白物理学家是如何思考的，物理学又如何通过一步步实践变成今天的样子。本书用这种循序渐进的方式，把物理学的基本逻辑和思维方法传递给读者。

本书适合对物理学感兴趣的所有读者阅读。

声 明

本书简体中文版由北京行距文化传媒有限公司授权人民邮电出版社有限公司在中华人民共和国境内（不包括香港特别行政区、澳门特别行政区及台湾地区）独家出版、发行。

◆ 著　　　　赵智沉
　责任编辑　魏勇俊
　责任印制　胡　南

◆ 人民邮电出版社出版发行　　北京市丰台区成寿寺路11号
　邮编　100164　　电子邮件　315@ptpress.com.cn
　网址　https://www.ptpress.com.cn
　三河市中晟雅豪印务有限公司印刷

◆ 开本：880×1230　1/32　　　彩插：2
　印张：7.625　　　　　　　　2024年3月第1版
　字数：184千字　　　　　　　2024年3月河北第1次印刷

定价：59.80元

读者服务热线：(010) 84084456-6009　　印装质量热线：(010) 81055316
反盗版热线：(010) 81055315
广告经营许可证：京东市监广登字 20170147 号

目录

第 1 章

狭义相对论

20 世纪初，人类沉浸在经典物理学的伟大成就中，迎接新世纪的到来。

经典物理学的奇迹属于整个人类，而不仅仅属于科学工作者，更不仅仅属于物理学家。对于人类理智而言，仅仅从原理上去理解庞大、复杂的宇宙已是巨大的挑战，更不要说从细节上去认识和操控它。经典物理学为这项艰巨的任务奠定了坚实的基础，让人们相信：科学，从思想上而不是物质上，可以帮助人类征服宇宙，让人类抵达自由的疆域。人们发现，这个世界——无论是宏大的宇宙还是细微的原子——竟然以一种人类可以理解的方式运行。

但是，这座经典物理学大厦并非没有瑕疵。一些理论的内在矛盾与无法解释的实验现象仍然顽固地困扰着世界上最聪明的头脑，而人们对解决这些暂时的困难充满信心。英国物理学家开尔文勋爵（就是对热力学第二定律做出开尔文表述的那位）于 1900 年 4 月在英国皇家学会发表了题为"在热和光动力学理论上空的 19 世纪乌云"的演讲，提出："动力学理论认为热和光都是运动的方式，现在这一理论的优美和明晰，正被两朵乌云笼罩着。"这个著名的乌云比喻，成为 20 世纪物理学革命的序言。"两朵乌云"指的是经典物理学无法解释的两个实验现象。它们分别导致了相对论和量子力学两场物理学革命，彻底颠覆了经典物理学的基础，改写了人类对世界的基本认识。

从本章开始，我们进入本书的下册，认识由这两场物理学革命带来的近代物理。本章先介绍狭义相对论。

开尔文勋爵说"动力学理论认为热和光都是运动的方式"，我们已经在上册中关于热和光的几章中了解过这个观点。"热"的概念，表达的是构成物体的微粒运动的剧烈程度；光则是在真空或介质中传播的电磁波。它们都可以还原为基本粒子的运动和相互作用。"两朵乌云"中的第一朵，是关于光的。当时理论无法解释的实验是"迈克耳孙－莫雷实验"。在介绍这个实验之前，我们先回顾一下波和参考系的知识。

上册的"声音"一章介绍了波，无论是声音、绳子、弹簧还是地震，其传播方式都是物质的运动带动着它附近物质的运动，这种运动模式以波的形式传播出去。比如，声音的传播是有弹性的介质（如空气）以一定的频率交替压缩和舒张，同时向四周扩散这种模式。如果没有空气或其他介质，就不存在声波。

因此，声波的传播速度是相对介质而言的。声波在空气中的传播速度约为每秒 343 米。想象一节速度高达每秒 80 米的高铁车厢，对于车厢来说，车厢内的空气是静止的，于是车厢里的人测得的声速大约就是每秒 343 米。假设车上坐着两个人，A 靠近车尾、B 靠近车头，两人相距两米。A 说了一句话，B 大概会在 0.005 83 秒后听到这句话（见图 1–1）。

$$t = \frac{s}{v} = \frac{2\text{m}}{343\text{m}/\text{s}} \approx 0.005\ 83\text{s}$$

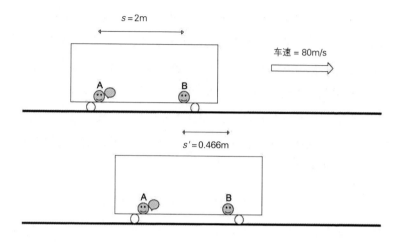

图 1-1 高铁上的声速

在地面上的观察者 C 看来，这个过程要复杂一些。在声音从 A 传到 B 的过程中，两个人都跟着高铁向前移动。经过约 0.005 83 秒后，B 没有停在原地，而是向前移动了约 0.466 米（因为车速是每秒 80 米）。于是，在 C 看来，声音在 0.005 83 秒中总共前进了 2.466 米，所以声音的速度大约是每秒 423 米，刚好等于声音在空气中的传播速度加上高铁的前进速度。

$$v' = \frac{s'}{t} = \frac{2.466\text{m}}{0.005\ 83\text{s}} \approx 423\text{m/s} = 343\text{m/s} + 80\text{m/s}$$

这是因为，从观察者 C 的角度看，空气——声音的传播介质——并没有静止。于是，声音的传播速度就等于介质本身的速度与声音相对于静止介质的速度之和。如果我们将上述结论抽象出来，就可以得到所谓"伽利略变换"（见图 1-2）。

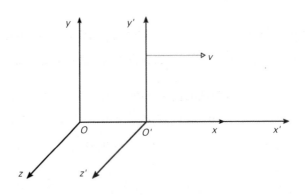

图 1-2　伽利略变换

下面我将用非常正式的方法来描述上面这个简单的过程。这样做看上去画蛇添足，但是有助于你熟悉事件坐标在不同参考系中的转换。在推导狭义相对论的过程中，我们将抛弃大部分直观经验，主要依赖这套符号。

有两个参考系，即 O 和 O'，前者静止（例如观察者 C），后者相对前者以速度 v 沿 X 轴正方向做匀速直线运动（例如高铁）。假定在 $t=0$ 时，两个参考系的原点刚好重合。同样的事件，在两个参考系中分别标记如下。

$$O: (x, y, z, t)$$
$$O': (x', y', z', t')$$

它们之间满足如下关系：

$$x' = x - vt$$
$$y' = y$$
$$z' = z$$
$$t' = t$$

两个标记几乎相同，区别在于 X 轴的标记，两者的差别来自参考系之间的相对运动。这个简单的变换关系称为"伽利略变换"。

把以上符号代入高铁的例子。我们知道发生了两个事件，分别是"A 发出声波"和"B 收到声波"。第一个事件在两个参考系中分别标记如下（为了记录简便，这里略去了 Y 轴和 Z 轴的分量）。

$$O : (x_1, t_1)$$
$$O' : (x_1', t_1') = (x_1 - vt_1, t_1)$$

同理，第二个事件标记如下。

$$O : (x_2, t_2)$$
$$O' : (x_2', t_2') = (x_2 - vt_2, t_2)$$

在高铁参考系 O' 中的人看来，声速为两个事件间的距离差与时间差的商：

$$v_s' = \frac{x_2' - x_1'}{t_2' - t_1'} = \frac{(x_2 - vt_2) - (x_1 - vt_1)}{t_2 - t_1} = \frac{x_2 - x_1}{t_2 - t_1} - v$$

而在地面上的 C 看来，声速是：

$$v_s = \frac{x_2 - x_1}{t_2 - t_1}$$

可见，两个速度的关系是：

$$v_s = v_s' + v$$

即静止参考系观察到的声速是运动参考系中的声速加上参考系本身的速度。这和之前的推导相符。

上册中的"力"一章指出牛顿第一定律的基础地位：物体在无外力作用下将保持匀速直线运动（静止是速度为零的特殊情形）。本书一直强调，运动是基于事件的描述，即事件在时间和空间上的标记。因此，"匀速直线运动"的定义必须针对特定的参考系。与其说牛顿第一定律描述了物体在不受外力作用下的运动状态，不如说它规定了一类特殊的参考系，即"惯性参考系"。在这类参考系中，无外力作用下的物体将沿直线做匀速运动。

惯性参考系不是唯一的。假设有两个相对做匀速直线运动的参考系 O 和 O'（比如地面和高铁）。如果物体在 O 中满足牛顿第一定律，那么根据伽利略变换，它在 O' 中也做匀速直线运动，只是速度需要加上一个修正项（O 和 O' 的相对速度）。可见，牛顿第一定律规定的特殊参考系不是一个，而是一类，它们互相之间相差恒定的速度。

所有惯性参考系的地位都是一样的。尽管牛顿在《自然哲学的数学原理》中提出绝对时空的基础假设，但他同时指出这是由经验抽象出来的理念，人通过感官只能获得某种近似和无法避免的偏见。就惯性参考系而言，人们无法辨别哪个是最"接近"绝对时空的参考系，它们的地位都是相同的。所有物理定律都必须满足"协变性原则"，即物理定律在所有惯性参考系中是**等价**的，人们无法通过物理实验判断自己处于哪个惯性参考系中。同样的事件，在不同的惯性参考系中呈现的时空标记数值不同（通过伽利略变换来转换），但这些数值符合同样的物理定律，比如万有引力定律、能量守恒定律等。

仔细思考这个逻辑，我们发现协变性原则实质上削弱了绝对参考系的特殊性，让它和所有惯性参考系在物理理论中拥有同等的地位。上册中的"机械宇宙图景"一章提到经典物理学强调本质主义的时空观，牛顿在此基础上更进一步，预设了绝对参考系。在这个参考系中，物理理论具有良好的性质：牛顿第一定律、牛顿第二定律、协变性原则，等等。与此同时，由于这些定律的存在，绝对参考系本身无法与其他惯性参考系区分开，处于一种尴尬的境地。这意味着，如果我们在逻辑上先验地规定一个参考系，构建物理理论，那么这个参考系会面临被理论降格的危险。如果我们反过来，将理论本身作为时空参考系的出发点，那么就不需要预设某一个绝对参考系，而是自然地获得地位相同的无数惯性参考系。这种区分在这里看似是一种咬文嚼字的同义反复，但它在广义相对论中将体现出深刻的意义。我们会在第 2 章中重提此事。

在这些假设的基础上，我们来研究电磁波。电磁波和声波不同，它可以不依靠任何介质进行传播。电磁波由电磁场本身的振荡产生，所以它在没有任何物质的真空中也可以传播。麦克斯韦方程组的结论是，光在真空中的传播速度是一个常数，约为每秒 30 万千米。

光速是常数，这个结论违背了伽利略变换。仍以高铁为例，假设高铁车厢中是真空，A 和 B 之间传递的不是声波而是电磁波，那么在车厢中测得的光速和在地面上的 C 测得的光速不可能同为每秒 30 万千米，而是相差高铁的速度。的确，高铁的速度和光速相比太小了，可以忽略不计，但如果有一个速度接近光速的交通工具，那么这个速度差异将变得极其显著；不仅如此，对于物理理论来说，任何微小的误差都可能对理论的一致性造成威胁。爱因斯坦在上中学时就开始思考这样的思想实验：如果坐在一列以光速前进的列车上，那么他会观察到静止不动的电磁波，而这显然是违背麦克斯韦方程组的。

为了避免这个缺陷，人们尝试过许多方案，其中最主流的设想是：真空并不是真的一无所有，而是充满着人们尚未发现的一种物质，称为"以太"，它承载着电磁波的传播。如上册所述，波动光学的先驱惠更斯认为以太是光的传播介质，麦克斯韦则曾试图以以太为基础，构建电磁力的流体压力模型。

当时的人们认为，以太之于光，就如空气（或其他介质）之于声音。麦克斯韦方程组推导出的光速是在静止以太中的速度；如果能精确测量所在参考系的光速，对比前者，就能推导出以太相对观察者所在参考系的运动速度。

为了寻找以太，科学家设计了各种实验，其中最知名的非迈克耳孙 – 莫雷实验莫属。这项实验在一百年后又被重新用于寻找由广义相对论所预言的引力波。在相对论的发展历程中，它起了两次关键的作用。这个实验的装置见图 1-3。

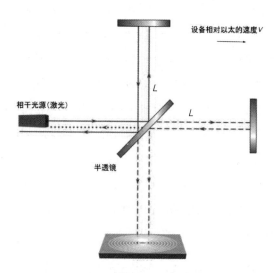

图 1-3 迈克耳孙 - 莫雷实验

　　左边的光源发射特定频率、相位恒定的光（比如激光）。光射到中间倾角为 45 度的半透镜时，一半反射向上，另一半透射向右。两束光经历同样的长度 L 后反射回到半透镜，各自有一半向下，射到底部的观察面板上。如果此时两束光的相位不同，那么面板上会出现明暗相间的干涉条纹。假设实验装置相对以太不是静止的，而是向右以速度 v 运动，那么在静止以太看来，向右和向上的两束光经历的距离就不同，到达底部时的相位也就不同。如果能够观察到干涉条纹，就可以推算出 v[①]。

----

① 实际操作中仅仅观察到干涉条纹是不够的，因为两臂长度的细微差别也会导致干涉。人们可以通过旋转装置（对换两臂角色）的方式来抵消这种误差，进而观察条纹的变化。

光在静止以太中的速度始终为常数 c。对于向右运动的光，它相对于装置的速度是 $c-v$；当向左返回时，它相对于装置的速度变为 $c+v$。因此，光在装置中往返的时间可以通过以下公式来计算：

$$t_1 = \frac{L}{c-v} + \frac{L}{c+v} = \frac{2L}{c(1-\frac{v^2}{c^2})}$$

对上下运动的光来说，情况有些复杂。它在静止以太中的运动轨迹是等腰三角形的两边。假设光走的时间是 t_2，那么经过 t_2 后，半透镜从左移动到右，经历的距离是 vt_2，三角形的腰则是光在 $t_2/2$ 时间中走的距离，即 $ct_2/2$（见图 1-4）。

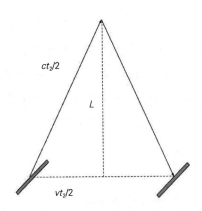

图 1-4 迈克耳孙 - 莫雷实验中的一段轨迹

根据勾股定理：

$$\left(\frac{ct_2}{2}\right)^2 = L^2 + \left(\frac{vt_2}{2}\right)^2$$

解得：

$$t_2 = \frac{2L}{c\sqrt{1-\dfrac{v^2}{c^2}}}$$

可见，t_1 和 t_2 相差了一个因子 $\sqrt{1-\dfrac{v^2}{c^2}}$。两束光来自同一个光源，它们的频率和周期相同，意味着它们经历不同的时间后，会产生相位的差别，底部面板上会呈现干涉条纹。如果将装置旋转 90 度，两臂角色互换，干涉条纹就会发生变化。或者即使不动装置，地球的自转会导致装置在白天和晚上相对以太的速度不同，干涉条纹也应该发生变化。

然而事实上，不论装置如何旋转，不论在一天中的哪个时刻观测，条纹都没有发生变化。这意味着，装置在任何时刻相对以太都是静止的，而且以太竟然以极高的精度和地球保持同步自转。那么我们就要进一步追问：是什么机制导致以太和地球同步自转？既然以太这么难被发现，说明它和大部分物质几乎没有相互作用，那么它又是如何与地球保持同步的呢？这些问题都让以太假说越来越臃肿、晦涩、难以接受。人们开始质疑以太的存在，尝试从别的角度解决伽利略变换和惯性协变性的矛盾。

爱因斯坦提出的思路是：抛弃以太概念，抛弃伽利略变换，抛弃绝对时空观，仅仅从惯性协变性出发，寻找自洽的时空变换关系。

在进入狭义相对论的推导之前，我们暂时从物理视角转换到科学哲学的视角，反思究竟什么是**知识**，特别是什么是**物理知识**。

　　我们每个人都有一系列个体经验。这些个体经验以事件序列的形式呈现在我们面前。什么是事件序列呢？刚出生的婴儿没有任何课本知识。他看到太阳东升西落，即太阳在不同的时间出现在不同的地方——这就是一个事件序列。**借助于语言，不同个体能在一定程度上比较各自的经验，并且发现有些经验是一致的。**比如说，一群小孩在一起玩，大家都能描述出太阳位置的变化，这就是一致的经验。**物理学研究的就是这种共同的感觉；物理学客体就是这类感觉的一种相对恒定的复合。**相对恒定，即某种经验重复地出现，比如太阳每天都东升西落。**尽管观念世界看起来并不能借助逻辑的方法从我们的经验中演绎出来，但就一定的意义而言，它还是人类心智的产物，因为它是对内心经验的反思和整理，没有人类的心智便无科学可言。不过，这个观念世界很难完全独立于我们经验的性质之外，正如衣服呈现的形态依赖于人的体形一样。观念世界的形成过程必须依赖于人的经验。这个过程对时间与空间的概念尤为正确。时间与空间就是一种恒定、对所有人都一致的概念。**

　　以上段落中的黑体字摘自《相对论的意义》的前言。这本小册子整理自 1921 年爱因斯坦在普林斯顿大学的四期演讲。

　　顺着这个思路，思考什么是"时间"，什么是"空间"。确切地说，思考什么样的时空观念符合上述"恒定、一致的经验"。想象一个原始人捡了一根树枝。他发现这根树枝无论在什么时候看都一样长（"一种恒定的经验"）。于是他截了许多同样长度的树枝，并把它们一段一段地连接起来，做成一把尺子（一段树枝就是长度单位）。只要树枝足够多，就可以在某个方向上测量任何事件发生的位置。人们发现只有一个方向的尺子是不够的，至少需要三个方向的尺子，也就是三维直角坐标系。于是，在空间上发生的任何事件，都可以用三个数来描述。比如，先往 X 方向走两个单位，然后往 Y 方向走三个单位，再往 Z 方向走四个单位，这个位置被标注为 $(2, 3, 4)$。这种表述方式是唯一、确定、没有任何分歧的。这还不够，还需要标注事件发生的时间。人们通过太阳的东升西落抽象出独立运作的时钟，然后在空间的每一个位置都放置这样的时钟，并将它们统一校准，同步计时。当描述某个事件发生的时间时，我们只要观察事件发生地的时钟就行。此时，我们对空间和时间就有了一个完整的概念。想象这样一个世界：空间中充满了尺子，每个地方都有一台完全同步的时钟（见图 1-5）。

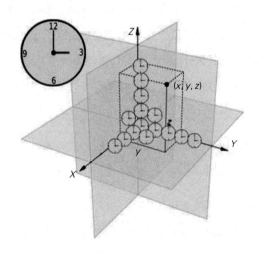

图 1-5 时空标度

我在上册中的"时间与空间"和"机械宇宙图景"两章中都强调过：物理学的基本单位并非电子、质子、质量、能量或力，而是事件。当我们讨论一个物理现象时，必须把它还原为一个事件序列。它由一系列事件构成，每个事件可以在时空中唯一地标度出来。

参考系就是可以无歧义地在时空中标度任何一个事件的**约定**。对于同一个事件，在不同的参考系中会出现不同的标度（也就是四个数——三个代表空间，一个代表时间），这些标度之间符合某种变换关系。既然参考系是人为规定的系统，具有任意性，那么物理理论就不该偏爱某个特定的参考系。也就是说，物理理论对**所有**参考系而言，必须是**等价**的。这是一个看似普通实则非常严苛的要求，称为"广义协变性"。我们会在第 2 章中讨论它的含义。本章着眼于一类特殊的参考系，即我们已经熟知的惯性参考系。

惯性参考系就是符合牛顿第一定律的参考系。不受外力的物体在这样的参考系中保持匀速直线运动。协变性原则要求：所有物理理论在惯性参考系中是等价的，这就包括"真空中的光速是常数"这条物理定律。因此，我们必须抛弃伽利略变换，不然无法满足"光速不变"这一要求。那么，什么样的变换可以满足这一要求呢？我们必须以光速不变为出发点，推导出惯性参考系之间的变换规则。

我们再次回到时间与空间，反思"同时"这个词的含义。刚才，我们不加质疑地假设：可以在空间中任意地点放置一台统一校准、同步计时的时钟。当我们标记事件时，只要观察事件发生地的时钟计数即可。正因为全空间的时钟都被统一校准好了，所以无论在哪个参考系中，观察到的时间都是一样的。因此，在伽利略变换中：

$$t' = t$$

然而，如果从"光速不变"这个前提出发，"同时"这个概念就不再那么简单。假想一辆向右运行的车，车中间有一个光源，它向车头和车尾同时放出两束光。在车上的人看来，"光到达车头"和"光到达车尾"这两件事是同时发生的。但是，在地面上的人看来，因为车在向前运动，车头逃离光，车尾迎着光，所以"光到达车头"这件事会发生在"光到达车尾"这件事之后。在一个惯性参考系看来同时发生的事情，在另一个惯性参考系看来不是同时的，这称为"同时性的相对性"（见图1-6）。

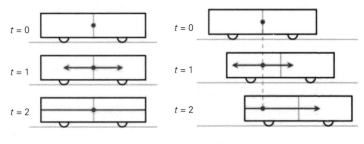

图1-6　同时性的相对性

既然"同时"不是绝对的，那就不存在统一校准、同步计时的时钟。应该如何计时呢？我们还是要从"光速不变"出发，摒弃"存在绝对时间"的先验假设，设计一套如何计时的**操作定义**，推导出符合惯性协变性要求的变换规则。

这个变换规则称为"洛伦兹变换"。完整的推导过程请参考附录，这里直接展示结论。推导过程不像很多人想象的那样晦涩艰深，其思路非常简洁清晰，用到的数学工具没有超出初中数学的范围。理解洛伦兹变换的推导过程，能深刻揭示狭义相对论是如何以"光速恒定"作为基本前提，推导出新的时空关系的。

假设有两个参考系，O 和 O'，后者相对前者以速度 v 沿 X 轴正方向做匀速直线运动。假定在 $t=0$ 的时候，两个参考系的原点重合。同一个事件，在 O 中标记为 (x, t)，在 O' 中标记为 (x', t')。两者的关系是：

$$x' = \gamma(x - vt)$$
$$t' = \gamma(t - \frac{vx}{c^2})$$
$$\gamma = \frac{1}{\sqrt{1 - \frac{v^2}{c^2}}}$$

这就是洛伦兹变换，其中 γ（希腊字母，读作 /ˈɡæmə/）称为"洛伦兹因子"。

对比经典力学的伽利略变换：

$$x' = x - vt$$
$$t' = t$$

我们发现，两者的一大区别在于一个大于 1 的因子 γ。更重要的是，在洛伦兹变换中，时间变换不仅和时间有关，还和空间坐标有关！在 O 中同时不同地发生的两件事，在 O' 中是不同时的。在洛伦兹变换下，时间与空间紧密关联。不存在对所有惯性参考系都适用的全局校准、同步计时的时钟。牛顿的绝对时间是没有意义的。

虽然存在区别，但洛伦兹变换与伽利略变换非常接近。由于光速非常大，宏观物体的速度通常远小于光速，因此 γ 非常接近于 1，并且 $\dfrac{vx}{c^2}$ 可以忽略不计，此时洛伦兹变换近似为：

$$x' \cong x - vt$$
$$t' \cong t$$

尽管洛伦兹变换和伽利略变换在本质上不同，但在低速运动的情况下，两者的数值误差微乎其微。

如附录所示，当物体的移动速度大于光速时，我们会推导出因果颠倒的诡异结论。同时性是相对的，但因果顺序是绝对的。超光速运动的物体违背了因果顺序。因此，相对论要求：光速是一切物体运动速度的上限。

当物理定律要求一个速度（光速）在所有惯性参考系中都相同时，必然推导出这个速度是所有物体速度的极限。这是狭义相对论非常重要且深刻的一个结论。

知道时空的变换关系之后，我们来看看物体运动速度的变换关系。

假设一个物体在 O 中沿着 X 轴正方向以速度 u 前进，它在 O' 看来速度是多少？假设它在 $t=0$ 时从原点出发，在时间 t，它到达这个位置：$x=ut$。这个事件在 O' 看来是：

$$x' = \gamma(x - vt) = \gamma(u - v)t$$
$$t' = \gamma(t - \frac{vx}{c^2}) = \gamma(1 - \frac{vu}{c^2})t$$

那么它在 O' 中观察到的速度是：

$$u' = \frac{x'}{t'} = \frac{u - v}{1 - \dfrac{uv}{c^2}}$$

如果这个运动的物体是光，则有 $u = c$，将其代入这个公式，得到：

$$u' = \frac{c - v}{1 - \dfrac{cv}{c^2}} = c$$

也就是说，光速确实在两个参考系中相同。

以上推导所依赖的事件来自光。对于任何物体，洛伦兹变换是否都成立？这就要回到最初的问题：所有物理定律，是否在洛伦兹变换下都能不变？

在回答这个问题前，我们先思考"不变"究竟是什么含义。我们目前接触过的物理量，有些没有方向，就是一个数，比如质量、能量，我们称之为"标量"，它们在坐标轴旋转变换下是不变的；另一些量，比如速度、动量，是有方向的，需要用三个坐标数值来表示，我们称之为"矢量"（见图 1-7）。

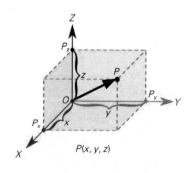

图 1-7　三维矢量

在不同的坐标系中，同一个矢量的三个坐标数值是不同的。当一个坐标系发生旋转时，这三个数值必须相应地调整，使得代表这个矢量的箭头**实际上**所指的方向不变。只有满足该条件时，这个有方向的量才能称为矢量。可见，一个矢量不仅仅是由三个数值构成的数组，其背后暗含的是它的三个坐标分量在坐标轴旋转下必须满足的特定的**变换关系**。毕竟，坐标轴是人为选定的，坐标分量是对矢量的**表达**，而箭头所指的方向是物理**实体**，它不依赖于任何特定的坐标系。这种**实体**与**表达**的关系在对称性作为核心概念的近代物理学中尤其重要。

我们在狭义相对论中拓展这个逻辑。由于时间与空间密不可分，我们必须把三维空间和一维时间合在一起考虑，写成一个有四个分量的"四矢量"：(x, y, z, t)。一个在狭义相对论中有意义、有方向的物理概念（比如速度、加速度、动量），不仅要在三维空间坐标系旋转下保持不变，还要在四维时空变换（洛伦兹变换）下保持不变——不变的意思是，它的四个分量必须符合某个特定的变换规则。只有这样，基于四矢量表达的物理理论才是自然符合惯性协变性的理论。反过来说，一切符合惯性协变性的理论都必须写作标量、四矢量或更高阶的张量（符合类似于四矢量的变换规则）的函数形式。

在推导洛伦兹变换时，我们只考虑了一种特殊情形，即 O 和 O' 的三个坐标轴在 $t=0$ 时重合，且相对速度沿 X 轴正方向。其实，结合三维空间旋转（t 不变），我们可以表达任意惯性参考系之间的变换关系。想象一下：O 和 O' 之间的相对速度不是指向 X 轴正方向，那么我们先将 O 和 O' 的 X 轴都旋转至相对速度 v 所指的方向，然后再旋转 O' 的 Y 轴和 Z 轴，使之与 O 的 Y 轴和 Z 轴分别重合。这样一来，我们就可以用至多三次三维旋转结合一次洛伦兹变换来表达任意惯性参考系之间的变换关系。

三维空间旋转已经在经典物理学中被研究透了，我们关注洛伦兹变换带来的额外规则。我们先研究速度矢量。在三维空间中，速度表示为单位时间 δt 内的位置变化：

$$u_x = \frac{\delta x}{\delta t}$$
$$u_y = \frac{\delta y}{\delta t}$$
$$u_z = \frac{\delta z}{\delta t}$$

在三维空间旋转下，δt 不变，$(\delta x, \delta y, \delta z)$ 作为位置坐标，天然地符合矢量的旋转变换关系，所以 (u_x, u_y, u_z) 是三维矢量。但是，在洛伦兹变换下，δt 不仅会变，而且和 δx 有关。因此，我们首先要改写速度的定义，让分母变成一个不随洛伦兹变换改变的量，即"标量"。

我们不希望新的速度定义和原先的差别太大，而希望它在低速环境下近似等于旧的定义。也就是说，新的分母在低速时应该近似等于 δt。我们称这个值为 $\delta\tau$（τ 是希腊字母，读作 /'taʊ/）。$\delta\tau$ 作为标量，不随三维空间旋转变化，最简单的方式是让它依赖于空间三维矢量的长度，即：

$$\delta x^2 + \delta y^2 + \delta z^2$$

另外，仔细观察洛伦兹变换，它和我们熟知的三维空间旋转变换十分相似。我们不妨仿照三维矢量长度的形式构造 $\delta\tau$：

$$\delta\tau^2 = p \cdot \delta t^2 + q \cdot (\delta x^2 + \delta y^2 + \delta z^2)$$

其中，p 和 q 是待定的系数。将以上式子代入洛伦兹变换：

$$\delta\tau'^2 = p \cdot \delta t'^2 + q \cdot (\delta x'^2 + \delta y'^2 + \delta z'^2)$$
$$= p \cdot \gamma^2 \left(\delta t - \frac{v\delta x}{c^2} \right)^2 + q \cdot \gamma^2 (\delta x - v\delta t)^2 + q \cdot \delta y^2 + q \cdot \delta z^2$$

作为标量，它应该和变换前一样，即：

$$\delta\tau'^2 = \delta\tau^2 = p \cdot \delta t^2 + q \cdot (\delta x^2 + \delta y^2 + \delta z^2)$$

可以得出：

$$p = 1$$
$$q = -\frac{1}{c^2}$$

即：

$$\delta\tau^2 = \delta t^2 - \frac{\delta x^2 + \delta y^2 + \delta z^2}{c^2}$$

在低速环境下，第二项忽略不计，$\delta\tau$ 的确近似等于 δt。这个新定义的 τ，称为"固有时"（proper time）。

　　根据三维速度的定义：

$$u_x = \frac{\delta x}{\delta t}$$

$$u_y = \frac{\delta y}{\delta t}$$

$$u_z = \frac{\delta z}{\delta t}$$

我们将 $\delta \tau$ 写作：

$$\delta \tau = \sqrt{\delta t^2 - \frac{\delta x^2 + \delta y^2 + \delta z^2}{c^2}} = \sqrt{\delta t^2 - \frac{u^2}{c^2} \delta t^2} = \delta t \sqrt{1 - \frac{u^2}{c^2}}$$

其中，u 是物体速度的绝对值：

$$u = \sqrt{u_x{}^2 + u_y{}^2 + u_z{}^2}$$

现在我们可以定义速度四矢量了：

$$U_x = \frac{\delta x}{\delta \tau} = \frac{u_x}{\sqrt{1 - \dfrac{u^2}{c^2}}}$$

$$U_y = \frac{\delta y}{\delta \tau} = \frac{u_y}{\sqrt{1 - \dfrac{u^2}{c^2}}}$$

$$U_z = \frac{\delta z}{\delta \tau} = \frac{u_z}{\sqrt{1 - \dfrac{u^2}{c^2}}}$$

$$U_t = \frac{\delta t}{\delta \tau} = \frac{1}{\sqrt{1 - \dfrac{u^2}{c^2}}}$$

由于物体在时间和空间中的变化本身天然地构成四矢量 $(\delta x, \delta y, \delta z, \delta t)$，因此它的每个分量除以一个不随洛伦兹变换而变换的标量 $\delta \tau$ 后，自然地构成一个新的四矢量，即速度四矢量。

注意，对任何四矢量 U，它的四个分量的坐标变换关系都是相同的，于是和时空坐标本身（天然的四矢量）的变换关系也相同，符合洛伦兹变换：

$$U_x{}' = \gamma(U_x - vU_t)$$
$$U_y{}' = U_y$$
$$U_z{}' = U_z$$
$$U_t{}' = \gamma(U_t - \frac{vU_x}{c^2})$$
$$\gamma = \frac{1}{\sqrt{1 - \frac{v^2}{c^2}}}$$

你可以用速度四矢量验证这个结论。

相比于速度，我们更关心动量。上册中的"力"一章从牛顿第二和第三定律出发，同时定义了力和（惯性）质量。"动量、角动量、对称与守恒"一章指出牛顿第三定律和动量守恒定律是等价的。质量实际上可以被视为保持动量守恒的物体属性。也就是说，对两个物体来说，它们的质量可以如此标定，使得总动量在相互作用中守恒：

$$P = m_1 u_1 + m_2 u_2$$

在狭义相对论中，为了让"动量守恒定律"获得惯性协变性，我们要把一个物体的动量表示成四矢量的形式（为简洁起见，之后不写 Y 分量和 Z 分量了，它们和 X 分量一样）：

$$P_x = mU_x = m \frac{u_x}{\sqrt{1 - \dfrac{u^2}{c^2}}}$$

$$P_t = mU_t = m \frac{1}{\sqrt{1 - \dfrac{u^2}{c^2}}}$$

根据经典力学的动量守恒定律，我们合理地猜想，两个物体发生相互作用时，它们的总动量（四矢量）是守恒的：

$$P_{1x} + P_{2x} = m_1 U_{1x} + m_2 U_{2x} = m_1 \frac{u_{1x}}{\sqrt{1 - \dfrac{u_1^2}{c^2}}} + m_2 \frac{u_{2x}}{\sqrt{1 - \dfrac{u_2^2}{c^2}}}$$

$$P_{1t} + P_{2t} = m_1 U_{1t} + m_2 U_{2t} = m_1 \frac{1}{\sqrt{1 - \dfrac{u_1^2}{c^2}}} + m_2 \frac{1}{\sqrt{1 - \dfrac{u_2^2}{c^2}}}$$

其中，m_1 和 m_2 是狭义相对论所定义的惯性质量，它们作为标量，在洛伦兹变换下不变。于是，动量守恒这个物理定律在洛伦兹变换下也不变。这符合惯性协变性的要求。比较经典物理学定义的动量和狭义相对论定义的动量，我们发现，当满足如下关系时，两个定义是**等价**的：

$$m_{经典} = m_{狭义} \frac{1}{\sqrt{1 - \dfrac{u^2}{c^2}}}$$

这意味着，我们在经典物理学中定义的质量，其实是在狭义相对论中定义的质量乘以由物体速度决定的洛伦兹因子。两者在低速环境下非常接近，而惯性协变性要求后者才是真正的常数，相应地，前者随着速度增加而变大。实验告诉我们，$m_{狭义}$确实是常数，$m_{经典}$确实随着速度增加而变大。我们关于四矢量动量守恒的猜想是正确的。物理学家有时把$m_{经典}$称为"动质量"，把$m_{狭义}$称为"静质量"，因为后者等于前者在速度为零时的值。

动量是三维概念，也就是(P_x, P_y, P_z)构成的三矢量。第四个分量P_t也是守恒的，它的物理含义是什么呢？我们仔细研究这个量：

$$P_t = m \frac{1}{\sqrt{1 - \dfrac{u^2}{c^2}}}$$

在速度u远小于光速时，通过一种叫"泰勒展开"的数学技巧，它近似等于：

$$P_t \cong m + \frac{1}{2} m \frac{u^2}{c^2}$$

两边乘以c^2：

$$P_t c^2 \cong mc^2 + \frac{1}{2} mu^2$$

右边第一项是常数，第二项是物体的动能。也就是说，在低速环境下，这个量近似于一个常数加上物体的动能。这样一来，它的守恒就容易理解了。

现在，我们将这个量定义为动能：

$$E = P_t c^2 = \frac{mc^2}{\sqrt{1 - \dfrac{u^2}{c^2}}}$$

它在物体相互作用的过程中守恒。沿用刚才"动质量"的定义：

$$E = m_{动} c^2$$

这可能是整个相对论中最为大众熟知的公式了。这个公式告诉我们，物体的动质量和能量是等价的。由于光速非常大，因此少量质量就可以转化为巨大的能量。这是核能的基础。但是，这并不意味着任何质量都可以转化为能量，而是说，一旦这样的转化过程发生（比如核衰变），物质质量的损耗和释放出的能量就的确符合这个公式。

其实"动能"的称呼具有误导性。因为物体在不动的时候，E 不为零，它拥有"静能量"：

$$E = m_{静} c^2$$

所以，称 E 为自能更合适一些。它代表了物体自身拥有的能量，其中一部分对应经典物理学中的动能。

和动量的情形一样，实验证明，狭义相对论定义的自能才是真正守恒的，而经典物理学定义的动能（$\frac{1}{2}mu^2$）只在低速情形下近似守恒。因为后者在洛伦兹变换下不是标量，所以它自己在狭义相对论中**不是一个物理概念**[①]。新的自能定义不是一个标量，而是四矢量的一个分量。

因此，动量四矢量其实就是动量三矢量和自能。它们在不同的惯性参考系之间符合洛伦兹变换。于是，我们证明了动量守恒和能量守恒合在一起符合惯性协变性。

在经典物理学中，当物体或系统受到外力时，它的动能是不守恒的，动能与势能之和守恒。这一点可以推广到狭义相对论中：在外力作用下，真正守恒的不是自能，而是自能与势能之和。势能在狭义相对论中表示为四维"势四矢量"的一个分量，因此动量守恒也包括四维势四矢量的其他三个分量。这些推导过程需要更复杂的数学，还需要借助"作用量"的形式化表述，这里略去不展开。

刚才所说的"势能"，来自物体和外界的相互作用，比如电磁场中的带电物体拥有的电磁势能。当这个相互作用的范围仅限于物体**内部**的成分之间时，它不是势能，而表现为物体自能的一部分，即物体质量的一部分。此时动量四矢量依然守恒。我们看一个例子（见图 1-8）。

---

① 用数学语言说：它不构成洛伦兹群 SO(1, 3) 的一个表达。

释放前：

释放后：　<u>u</u>　○ m 〜〜〜〜 m ○　<u>u</u>

图 1-8　自能

　　两个小球之间压紧一根很轻的弹簧，弹簧没有固定在任何一个小球上，小球之间用一根细线连接，保证弹簧处于压缩状态。剪断细线后，弹簧释放，两个小球向两边各自以速度 u 飞出。测量两个小球各自的静质量，会发现它们都是 m。问题是，如果细线没有被剪断，我们将联合体看作单一的大球（比如用一个很轻的不透明外壳包裹），那么它的静质量 M 是多少？

　　在经典物理学中，由于质量守恒，大球的质量就是小球质量之和，即 M=2m。大球一开始没有动能，只有弹性势能，这部分势能转换为释放后的两个小球的动能，能量守恒。

　　但在狭义相对论中不是这样的。考虑自能公式，释放前（速度为零）：

$$P_t = M$$

释放后：

$$P_t = \frac{m}{\sqrt{1-\dfrac{u^2}{c^2}}} + \frac{m}{\sqrt{1-\dfrac{u^2}{c^2}}}$$

自能守恒告诉我们：

$$M = \frac{2m}{\sqrt{1 - \dfrac{u^2}{c^2}}} > 2m$$

首先，静质量不守恒，守恒的是自能；其次，当物体内部充满着某种可以激发运动的"潜能"（比如压缩的弹簧）时，它所**表现**出的是更大的静质量。当这部分能量释放出来后，物体的静质量总和确实减小了。当观察到一个物体（比如质子）呈现出一定质量时，我们能判断质量究竟来自构成物体的成分（比如夸克），还是成分之间的相互作用（比如强相互作用）吗？无法判断。两者的效果是相同的。即使通过实验手段（比如撞击物体）发现内部成分，成分的静质量也可能来自它内部更微观的相互作用（设想小球可能和大球一样，是由两个压缩着小弹簧的小小球构成的）。在相对论中，能量和质量等价，区分两者没有意义。

作为练习，你可以以释放后的一个小球为参考系，尝试洛伦兹变换，验证上述过程是否的确满足动量守恒。

在狭义相对论中，应如何定义力？沿袭经典物理学的思路，我们把力定义为质量乘以加速度。只不过，这里需要用到的是作为标量的静质量，加速度也要用四矢量来描述。参照速度四矢量的定义，我们定义加速度四矢量为（这里省略了 Y 分量和 Z 分量）：

$$A_x = \frac{\delta U_x}{\delta \tau}$$

$$A_t = \frac{\delta U_t}{\delta \tau}$$

进一步推导需要一些微积分知识，这里直接给出结果：

$$A_x = \frac{a_x}{1-\dfrac{u^2}{c^2}} + \frac{u_x(u_xa_x + u_ya_y + u_za_z)}{(1-\dfrac{u^2}{c^2})^2c^2}$$

$$A_t = \frac{u_xa_x + u_ya_y + u_za_z}{(1-\dfrac{u^2}{c^2})^2c^2}$$

其中，u 和前面一样，是经典物理学中定义的三维速度。a 是经典物理学中定义的三维加速度，即单位时间内的速度改变量。

于是，力四矢量应该被定义为：

$$F_x = mA_x$$
$$F_t = mA_t$$

其中，m 是刚才定义的质量标量，即静质量。

我们考虑一个简单情形。物体的速度和加速度都沿 X 轴正方向，即：

$$u_y = u_z = a_y = a_z = 0$$

此时：

$$F_x = m\frac{a_x}{(1-\dfrac{u^2}{c^2})^2}$$

即：

$$a_x = \frac{F_x}{m}(1-\frac{u^2}{c^2})^2$$

这意味着，在恒定外力的作用下，物体的加速度是随着速度增大而减小的。在低速环境下，它近似于牛顿第二定律。当速度非常接近于光速时，$(1-\frac{u^2}{c^2})^2$ 接近于零，无论力多大，加速度都接近于零。这个系数成为一道屏障，阻止物体无限制地加速，于是光速自然成为物体速度的上限。这从动力学机制上防止超光速的实现。

值得注意的是，当两个相互作用的物体拥有不同的速度时，力四矢量不满足牛顿第三定律。这是因为：

$$F_{1x} = \frac{\delta P_{1x}}{\delta \tau_1} = \frac{\delta P_{1x}}{\delta t\sqrt{1-\frac{u_1^2}{c^2}}}$$

$$F_{1t} = \frac{\delta P_{1t}}{\delta \tau_1} = \frac{\delta P_{1t}}{\delta t\sqrt{1-\frac{u_1^2}{c^2}}}$$

$$F_{2x} = \frac{\delta P_{2x}}{\delta \tau_2} = \frac{\delta P_{2x}}{\delta t\sqrt{1-\frac{u_2^2}{c^2}}}$$

$$F_{2t} = \frac{\delta P_{2t}}{\delta \tau_2} = \frac{\delta P_{2t}}{\delta t\sqrt{1-\frac{u_2^2}{c^2}}}$$

动量守恒意味着：

$$\frac{\delta(P_{1x} + P_{2x})}{\delta t} = 0$$

$$\frac{\delta(P_{1t} + P_{2t})}{\delta t} = 0$$

由于：

$$u_1 \neq u_2$$

因此：

$$F_{1x} \neq -F_{2x}$$

$$F_{1t} \neq -F_{2t}$$

在狭义相对论中，真正重要的是动量守恒定律。四维力的使用场合并不多。

之所以不厌其烦地定义各种四矢量，是因为我想强调，在狭义相对论中什么是有意义的物理量，以及如何改造经典物理量，让它们符合惯性协变性。惯性协变性（乃至一切对称性）限定了理论的形式，同时为新理论指引方向。举例来说，麦克斯韦方程组可以被完美地改写为四矢量的形式——只有如此，我们才可以证明，电磁力确实符合惯性协变性。当然，这也是符合实验结果的。改写过程需要比较复杂的数学知识，涉及两个重要的物理量，分别是"电流密度四矢量"和"电磁场二阶张量"，这里不展开讨论。在电磁场二阶张量中，电场和磁场是同一个场的不同分量，就像狭义相对论中的时间和空间一样，是不可分割的。麦克斯韦方程组的协变形式非常优美，如果你掌握了足够的数学知识，一定会为它的美而惊叹。

　　然而，万有引力定律无法被轻易改写成符合惯性协变性的形式。这是广义相对论解决的问题，第2章将进一步介绍。

　　经历了这一系列推导，你会发现，整个狭义相对论的出发点只有一个，即惯性协变性。"光速不变"是它的推论之一。所有物理量，只有当表示成标量、四矢量或高阶张量的形式时，才符合惯性协变性，才是**有意义的物理概念**。这一点在狭义相对论和广义相对论中都极为重要。

　　从一个极其基础的原则出发，颠覆经典物理学的基础假设，重新定义物理学的基础概念，改写物理定律的形式，这体现了狭义相对论极致的美和无可辩驳的信服力。更让人惊叹的是，世界竟然精确地以它预测的方式运行！正如爱因斯坦所赞叹的那样："这个世界最不可理解之处，是它竟然是可以理解的。"

　　上册中的"机械宇宙图景"一章指出，经典物理学的宇宙图景之一，是时空作为去质料后的彻底抽象化，成为普适的三维网格加一维直线。在狭义相对论中，尽管绝对时空被抛弃，但时间的空间化愈加彻底，时间的流变特性被彻底取消，一维时间无法与三维空间区分开，而必须以四维时空为整体被讨论。时间和空间都是四维时空的分量之一。事件序列不再是像放电影那样在时间的河流上流逝着一个三维空间，而是在四维时空中的一条静止的世界线。以图1-9为例，左图展示的是地球绕着位于原点的太阳公转，公转平面就是XY平面；右图（为了方便展示，这里隐去了Z轴）展示了不同时间点太阳和地球的位置。因为太阳静止在原点，所以它的X坐标和Y坐标没有变，只有时间向未来推移。因此，世界线是一条竖直向上的射线。地球围绕着太阳公转，因为它在不同时间位于轨道上的不同位置，所以世界线是一条螺旋向上的曲线。在左图中，我们需要像放电影那样展现地球的公转过程，而在右图中，一张静止的图就呈现了完整的公转历史。时间的流变特性被取消，成为一个额外的空间维度。事件序列成为四维时空中的一条静止的曲线。

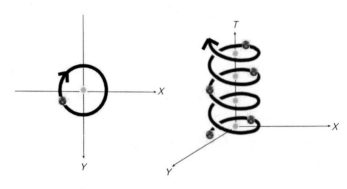

图 1-9　地球公转的世界线

然而，并不是所有曲线都能合理地表示物理过程。首先，因为世界总是向着未来发展，所以这条曲线总是向着 t 增加的方向延伸，而不能在时间轴上返回甚至形成回路。其次，一条连续的世界线意味着符合因果顺序的事件序列，即世界线上的任何一点的速度都不能超过光速：

$$\frac{\delta s}{\delta t} \leqslant c$$

为了方便展示，我们还是关注由 X 轴和 Y 轴构成的二维世界，以及垂直于平面的、表示时间的 T 轴。我们用一个点代表位于平面原点、处于 $t=0$ 时刻的观测者。由于光速的限制，观测者可以影响到的事件一定落在一个范围内，这个范围的边界是他以光速所能到达的时空。同理，所有能够影响到观测者的事件也都落在一个范围内，这个范围的边界是事件通过光速能够到达他的时空。这两个边界都是锥形的，其包含的范围称为"光锥"（见图 1 - 10）。第一个范围称为"未来光锥"，第二个范围称为"过去光锥"。这个观测者只能影响到"未来光锥"里的事件，反过来只有"过去光锥"里的事件能影响到他。随着时间的推移，观测者在时间轴上前进，这两个抽象的光锥也以他为中心跟着前进。由于光速在所有惯性参考系中都相同，因此光锥的边界是恒定的，不因洛伦兹变换而改变。正因如此，对观测者来说，"未来"这个概念，或者说由观测者这个"因"所导致的"果"，在所有参考系中都发生在未来；"过去"的概念同理。那么，落在两个光锥以外的事件呢？它们在这个参考系看来既可能发生在未来（平面之上），也可能发生在过去（平面之下）。但是，这是相对的。可能在此观测者看来，发生在未来的事件，在另一个惯性参考系中的观测者看来，经过洛伦兹变换之后发生在过去；反之亦然。因此，对于光锥以外的范围，讨论过去还是未来是没有意义的，它可以被理解为广义的"现在"①。对于光锥边界上的事件，我们总是可以找到一个参考系，使得它和观测者之间的时间差无限接近于零。也就是说，光锥的边界就是"现在"范围的边界，而且也是唯一能与观测者产生因果联系的"现在"。

---

① 事实上，对于一个发生在光锥外的事件，必定存在某个参考系，在这个参考系中，该事件的确发生在"现在"。

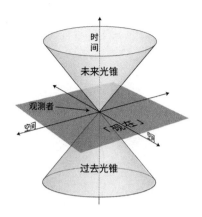

图1-10 光锥（本图在 CC BY-SA 3.0 许可证下使用）

　　狭义相对论就介绍到这里，其独特、有违直觉的时空观带来许多新奇的现象，在此无法尽数。狭义相对论展示了从"惯性协变性"这条基础的原则出发，可以构造出多么强大的理论。爱因斯坦的野心不止于此。他进一步思考，如果要求任何参考系都被赋予同等的地位，会推演出什么结果？带着这个问题，我们踏上广义相对论的探索旅程。

第 2 章

广义相对论

　　狭义相对论的基础是惯性协变性：所有物理定律的形式在惯性参考系中都是相同的。惯性参考系即为符合牛顿第一定律的参考系：当物体不受外力（或外力互相抵消）时，它在惯性参考系中做匀速直线运动（包括静止，即速度为零）。

　　但是，仔细思考这个逻辑，你会发现其中不严谨之处。究竟如何判断物体"不受外力"呢？因为基本作用力都是非接触力，所以我们不能用日常经验中的"接触"作为判断标准。我们可以让一个物体不带电荷（或正负电荷抵消），而避免其受到电磁力；但我们无法剥夺物体的质量属性，避免其受引力。浩瀚的宇宙中有那么多星体，每个具有质量的物体都受到来自所有星体的引力，不可能实现"不受外力"，我们也不可能尽数所有的星体，计算每一个星体的引力，然后施加相反的力与引力之和抵消。更何况，人类所探知到的宇宙只是冰山一角，还有大量观测尚未触及的时空，更别说可能存在"暗物质"这样的未知引力源。

　　参考系是人们用来**表达**事件的方式，是人们赋予自然现象的一个框架，它本身并不客观地存在于宇宙之中。在这个意义上，惯性参考系不应当获得特殊的地位。假如一个参考系相对于惯性参考系做加速运动，或在局部发生伸缩或扭曲，它为什么就是地位更低的参考系？如果以这个参考系为**标准**，那么惯性参考系才是加速、伸缩、扭曲的"低等"参考系。

　　想象两个原始人甲和乙，他们对自然现象仅有非常朴素的观察，尚无系统的理论。甲以太阳东升西落作为计时依据，即以太阳的一个周期为一个单位，每段时间都用"经过多少天"来表述；乙以自己的心跳作为计时依据，一次心跳是一个时间单位，每段时间都用"相当于几次心跳"来表述。在甲的时间标度下，可以得出这样的规律：剧烈运动时，心跳更快（心跳间隔时间更短）。对乙来说，心跳间隔时间是恒定的，而太阳东升西落的周期不是恒定的。因此，乙会得出这样的规律：剧烈运动时，一天的时间更长。

法国数学家亨利·庞加莱（Henri Poincaré）指出，尽管这两条规律的描述看上去截然不同，它们却是**等价**的，没有一条比另一条更**正确**。它们准确地描述同样的事件，甚至可以做出同样的预测。两者的差别仅仅是对时间标度的不同。时间测量是一种**约定**。人们倾向于其中一个约定，不是因为它比其他度量更正确，而往往是因为物理规律在这个约定下表述起来更简洁，甚至更美。对乙来说，伴随着对自然观察的深入、总结更多规律后，她逐渐发现，"剧烈运动与否"这个因素会导致太阳、月亮、自然界的各种周期都相应地改变，而这些周期之间的关系更为稳定。因此，她会放弃以心跳作为计时依据，而像甲那样，使用更稳定、自然规律描述起来更简洁的计时方式。

这个原则不仅适用于时间标度，也适用于空间标度。这是日心说取代地心说的一个重要原因。无论地球还是太阳，都不是宇宙的中心；但是以太阳为中心，对描述当时人们观察到的星球轨迹来说，要比以地球为中心方便得多。出于同样的原因，狭义相对论的洛伦兹变换取代了经典物理学的伽利略变换，取消了"绝对时空参考系"这个多余的设定，抛弃了累赘的"以太"设定，让物理定律在所有惯性参考系中获得统一的表述。

更进一步地说，惯性参考系是在牛顿第一定律的加持下获得青睐的。但是，我们刚才已经说明了"不受外力"这个条件原则上无法实现，因此惯性参考系的优越性也值得质疑。下面思考两个思想实验，从中理解爱因斯坦对此提出的质疑。

电梯思想实验1（见图2-1）：假设你站在一部封闭的电梯中，无法观察电梯外的世界。考虑两种情形：一、电梯静止在地面上，是惯性参考系；二、电梯在太空中向上加速运动（加速度大小等于在地面上时的重力加速度），周围没有星球，电梯是非惯性参考系。在这两种情形中，你都会感受到电梯地面给你的支撑力。在第一种情形中，这个支撑力用来抵抗重力；在第二种情形中，这个支撑力提供向上加速的力。但是，电梯里的你无法分辨自己处于哪种情形中。如果你在电梯中释放一个苹果，在第一种情形中，苹果由于重力作用而向下做加速运动；在第二种情形中，苹果本身没有受力，但由于电梯向上加速运动，因此相对于电梯来说，苹果向下做加速运动。你无法通过苹果区分自己处于哪种情形中。

图2-1　电梯思想实验1

电梯思想实验2（见图2-2）：以同一部电梯为例，考虑另外两种情形：一、缆绳突然被剪断，电梯以重力加速度下落，是非惯性参考系；二、电梯静止在太空中，周围没有星球，是惯性参考系。在第一种情形中，电梯处于失重状态，电梯里的所有物体连同电梯一起自由下落。相对于电梯来说，物体所呈现的状态，和第二种情形，即没有重力的太空中是一样的。你无法判断自己处于哪种情形中。

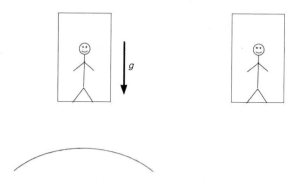

图 2-2　电梯思想实验 2

以上两个思想实验都告诉我们，无论电梯中发生什么现象，我们都无法判断其原因究竟是万有引力，还是加速度，也无法判断电梯究竟是惯性参考系还是非惯性参考系。参考系之间的相对加速度产生的效果，和万有引力产生的效果是一样的。既然惯性参考系和非惯性参考系原则上无法区分，那么物理理论就不应当只适用于其中一类。引力和加速度的等价性，应该体现在一个适用于所有参考系的理论描述中；换句话说，对于一个普适的理论，其描述引力的方法和描述参考系加速度的方法应该是一致的。这称为**等效原则**。

这里有一个细节需要指出：和加速度不同，万有引力产生的效果是**不均匀**的。由于引力的大小和方向都与引力源（在例子中是地球）的相对位置有关，因此电梯内的不同点受到的引力的大小和方向都不同；然而加速度产生的效果处处相同。因此，为了让等效原则成立，我们需要加一个"局域"限定条件，即考察的范围足够小，以便引力的不均匀性可以被忽略。

现在假设我们在电梯思想实验 1 中观察光的轨迹（见图 2-3）。狭义相对论告诉我们，光在惯性参考系中的轨迹是直线，并且速度是常数。在太空中，光的轨迹也是直线。但是，由于电梯向上加速运动，因此在电梯里的观察者会看到抛物线轨迹。这似乎可以作为区分两者的依据。然而，爱因斯坦深信等效原则。他认为在地球上，光和其他物体一样，也会受到引力的作用，光线也会发生偏折。上册中的"光"一章指出，在 18 ～ 19 世纪的早期光学研究中，以牛顿为代表的一批物理学家认为光和其他物体一样，由微粒构成，区别于以惠更斯为代表的"波动说"。德国物理学家约翰·冯·索德纳（Johann von Soldner）以此为前提计算出光在引力作用下的偏折量。但是，当人们认识到光的电磁波本质后，这个结论不再成立。等效原则预言的光在引力作用下的偏折效应，需要得到更合理的解释，更重要的是，需要用实验验证。

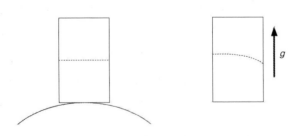

图 2-3　光在电梯思想实验 1 中的轨迹

在狭义相对论中，接受了惯性协变性原则后，我们可以从"光速不变"这个前提出发，推导出惯性参考系之间的坐标变换关系，然后基于标量、四矢量、高阶张量等物理量构造出适用于所有惯性参考系的物理定律。在广义相对论中，我们如何从等效原则出发，构造适用于所有参考系的物理定律？

这个过程需要非常复杂的几何知识及非常抽象的空间思考能力。我略去复杂的数学推导过程，解释核心思想。

由于引力广泛存在，我们无法找到一个**全局**的惯性参考系作为出发点。不过没有关系，既然我们的任务是找到适用于任何参考系的物理定律，那么我们**任选**一个参考系作为出发点即可。在这个参考系中，所有事件序列都可以被唯一地标度出来。

但是，由于它可能不是惯性参考系，因此我们不能要求这里观察到的现象符合惯性参考系中的物理定律（比如麦克斯韦方程组）。即使光在这里不走直线，光速不是常数，我们也可以接受。

沿袭之前思想实验的思路：在时空中的每一个点周围，构造足够小的"局域电梯"，在电梯里，引力场是足够均匀的。现在，我们为每部局域电梯 O 定制一个复制品 O'，它和 O 在某个时间点上原点重合，相对速度为零。二者的区别在于，它相对于 O 做加速运动，加速度就是 O 所感知到的引力加速度。也就是说，O' 在引力的作用下做自由落体运动。当然，出于"局域"的要求，我们不让它落太久，只落很短的一小段时间。想象一下，在整个宇宙中，每时每刻，每个点周围，都布满了非常小的电梯，它们的存在稍纵即逝（见图 2-4）。在短暂的生命中，它们所拥有的唯一经历，就是在这个时空点的引力场作用下自由地下落（不一定向"下"，而是指向引力所指的方向）。

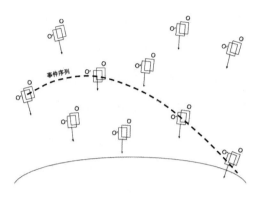

图 2-4 局域惯性参考系

注意，每一个 O' 都是惯性参考系。在这里，引力的作用完全和自由落体的加速度的效果抵消。在 O' 中，物体完全失重，不用考虑外界的引力。如果 O' 中的物体不受其他力（如电磁力）的作用，那么它应该做匀速直线运动，符合牛顿第一定律。

现在我们考察全局参考系中的一个纯受引力影响的事件序列（比如地球表面的抛物运动）。这种运动显然不是匀速直线运动，其轨迹是符合万有引力定律和牛顿第二定律的曲线轨迹。但是，同样的运动，在它途径的每个时空点上所对应的局域电梯 O' 看来（在 O' 短暂的生命中），应该是匀速直线运动：

$$(\delta x', \delta y', \delta z', \delta t')$$
$$\delta x' = v_x' \delta t'$$
$$\delta y' = v_y' \delta t'$$
$$\delta z' = v_z' \delta t'$$

其中，$\delta t'$ 是 O' 的生命周期，v_x'、v_y'、v_z' 是物体在 O' 中的三维速

度分量。这个运动过程在 O 中被记录为：

$$(\delta x, \; \delta y, \; \delta z, \; \delta t)$$

如果知道 O 和 O' 的变换关系，我们就可以通过后者计算出前者。但是，因为 O 和 O' 之间有相对加速度，所以不能直接套用洛伦兹变换。由于 O 不是惯性参考系，因此也无法复用狭义相对论中基于光速不变的推导技巧。

为了不失一般性，我们把 O 和 O' 之间的变换关系写作：

$$x' = F_x(x, \; y, \; z, \; t)$$
$$y' = F_y(x, \; y, \; z, \; t)$$
$$z' = F_z(x, \; y, \; z, \; t)$$
$$t' = F_t(x, \; y, \; z, \; t)$$

我们考察的是局域时空中的事件序列，在分量之间只需考虑一阶线性关系（这里需要一些线性代数的基础知识）：

$$\delta x' = F_{xx}\delta x + F_{xy}\delta y + F_{xz}\delta z + F_{xt}\delta t$$
$$\delta y' = F_{yx}\delta x + F_{yy}\delta y + F_{yz}\delta z + F_{yt}\delta t$$
$$\delta z' = F_{zx}\delta x + F_{zy}\delta y + F_{zz}\delta z + F_{zt}\delta t$$
$$\delta t' = F_{tx}\delta x + F_{ty}\delta y + F_{tz}\delta z + F_{tt}\delta t$$

其中，16 个 F 都不是常数，而是 (x, y, z, t) 的函数。

在狭义相对论中，我们为惯性参考系中的事件引入了"固有时"的概念，它在洛伦兹变换下是不变量（标量）：

$$\delta\tau' = \sqrt{\delta t'^2 - \frac{\delta x'^2 + \delta y'^2 + \delta z'^2}{c^2}}$$

对一个事件序列来说，一旦确定了起点事件和终点事件，就可以有无数条世界线连接两点。比如，起点事件是：早上 8 点从家里出发；终点事件是：早上 8 点半到达学校。我既可以从家里花半小时匀速步行到学校（假设存在这样一条直线步行道路），也可以花 15 分钟骑车到学校附近的早餐摊，花 15 分钟买好早餐带去学校，还可以在家附近花 20 分钟吃完早餐，然后打车花 10 分钟到学校。每一条世界线都可以拆分成一段段很短的部分，每部分近似是匀速直线运动。为每小段世界线计算它的固有时，然后将所有小固有时累加起来，就得到了这条世界线的总固有时（本质上就是为固有时作积分）。每条世界线的总固有时是不同的。有一个非常重要的数学性质：在所有这些世界线中，匀速直线运动的总固有时是**最长**的（见图 2-5）。

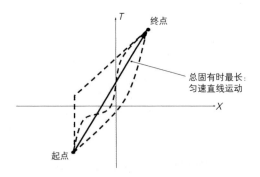

图 2-5　最长固有时（为了方便展示，这里隐去了 Y 轴和 Z 轴）

用原始坐标 (δx, δy, δz, δt) 来表示 O' 中的固有时：

$$\delta \tau'^2 = \delta t'^2 - \frac{\delta x'^2 + \delta y'^2 + \delta z'^2}{c^2}$$
$$= g_{xx}\delta x^2 + g_{xy}\delta x\delta y + g_{xz}\delta x\delta z + g_{xt}\delta x\delta t$$
$$+ g_{yx}\delta y\delta x + g_{yy}\delta y^2 + g_{yz}\delta y\delta z + g_{yt}\delta y\delta t$$
$$+ g_{zx}\delta z\delta x + g_{zy}\delta z\delta y + g_{zz}\delta z^2 + g_{zt}\delta z\delta t$$
$$+ g_{tx}\delta t\delta x + g_{ty}\delta t\delta y + g_{tz}\delta t\delta z + g_{tt}\delta t^2$$

其中，16 个 g 不是常数，而是由 16 个 F 决定的关于 (x, y, z, t) 的函数。它们合在一起称为"度规函数"。如果知道这 16 个度规函数，并且知道起点事件和终点事件，我们就可以通过数学技巧，找到这样一条世界线，它对应的**总固有时是最长的**。通过刚才描述的性质，我们知道这条世界线在 O' 中一定是匀速直线运动，不过它在 O 中不一定是匀速直线运动。这条世界线在 O 中被称为"测地线"。注意，在这个过程中，我们不需要求解 16 个 F 函数，也不用反推 O 和 O' 之间的坐标变换关系。

这里还有一个困难：我们所熟知的动力学问题通常不是已知起点和终点，求解连接两点的世界线；而是已知起点和初始速度，求解未来任何时刻的位置和速度。好在测地线有一个很好的性质：一旦确定了起点和世界线的初始方向（初始速度），测地线就会在度规函数的导引下，不断延伸下去。无论它在哪里终止，这段轨迹一定是连接该终点和起点的所有世界线中总固有时最长的。其实这正是力学的逻辑：一旦初始位置和初始速度确定了，就可以知道下一刻的位置，然后通过力函数计算下一刻的力、加速度，进而确定再下一刻的速度。在这里，度规函数扮演了"力函数"的角色，测地线的方向扮演了速度的角色。

刚才的所有讨论都针对 O 和 O'，即很小的时空局域。真实的轨迹由许多片段构成，每个片段都有自己的 O 和 O'。当我们把整个轨迹串联起来时，以上论证依然是成立的。因此，只要知道完整的度规函数，我们就可以确定无疑地解出全局参考系中的世界线，即受万有引力影响的运动轨迹。

如何解度规函数？我们将上述逻辑反过来：既然已经观察到受引力影响的运动轨迹，而这条轨迹必须是度规函数规定的测地线，那么我们就可以反推出度规函数。经典力学中的万有引力定律提供了参考，它可以帮助我们找到度规函数和引力源（质量分布）的关系。

这个关系必须满足一定的对称性。正如狭义相对论的所有公式都必须满足惯性协变性一样，广义相对论的所有公式都必须满足广义协变性。广义协变性描述的是任何两个参考系（惯性参考系或非惯性参考系）之间的变换。假设坐标系做如下变换：

$$x' = F_x(x, y, z, t)$$
$$y' = F_y(x, y, z, t)$$
$$z' = F_z(x, y, z, t)$$
$$t' = F_t(x, y, z, t)$$

我们可以从原坐标系的度规函数 g 推导出新坐标系的度规函数 g'。广义协变性要求：物理定律在这样的变换下必须是不变的，正如狭义相对论在洛伦兹变换下不变一样。在广义协变性的要求下，以经典力学的万有引力定律为参照，爱因斯坦提出了广义相对论中最重要的"爱因斯坦场方程"：

$$G_E + \Lambda g = \frac{8\pi G}{c^4} T$$

其中，G_E 是爱因斯坦张量，代表了时空曲率，由度规函数 g 决定；T 是能量－动量张量，代表了物质密度，即引力源。G 是我们熟知的万有引力常数，c 是我们熟知的光速。Λ（希腊字母 λ 的大写形式）称为"宇宙学常数"，之后详细解释。理解这个方程，需要学习比较复杂的黎曼几何。一旦领会了它，你就会惊叹于它的简洁和美。在我看来，它比狭义相对论更美。

第 1 章指出，协变性原则让先验的绝对参考系失去了特殊地位，更合理的做法是从理论出发，推导出"好"的参考系，即惯性参考系。这意味着，将时空度量和几何结构独立并且优先于一切实体和运动的"本质主义"（essentialism）时空观，在狭义相对论中远不如"关系主义"（relationism）时空观简洁、自然：即时空度量和几何结构应当遵循物体的运动规律，是理论的一种呈现手段和描述方式。这种理念上的跃迁在广义相对论中更为显著：如果我们从一个平坦的全局参考系出发，等效原则将迫使我们以物质分布导致的引力结构为蓝图构造出无穷多个平坦的局域惯性参考系，它们拼接成整个时空惯性参考系。然而，这些惯性参考系在实际操作中完全无从下手。为了使用一个全局参考系，我们只能通过改变时空结构的方式，让它与每个局域惯性参考系等价——此时作为逻辑出发点的惯性参考系的优先地位已荡然无存。在爱因斯坦场方程中，度规函数 g 是待解项，而不是预设好的时空背景。也就是说，全局参考系的时空结构完全由物质和能量的分布决定，而非先验地独立于后者存在。广义相对论再次向我们证明：从理论出发推导出时空结构和参考系，比从先验的时空结构出发推导出理论，更合理、更有效。时空是物理理论的呈现方式，而非相反。

关于广义相对论，你可能听说过"时空弯曲"的说法。这个概念听上去非常费解：时间和空间都是容器，怎么会弯曲呢？看到这里，你或许可以理解，这里所说的"弯曲"，指的是在某些度规函数下，测地线不是匀速直线运动的轨迹，而是变速运动或者曲线运动的轨迹。

回到爱因斯坦场方程，我们暂时不考虑宇宙学常数，假定$\Lambda = 0$。等号右边描述的是物质，它让时空产生等号左边描述的曲率场，改变了时空的几何性质，让测地线不再是直线，而测地线规定了物体的运动轨迹。因此，对爱因斯坦场方程有一个非常精辟的描述：**物质告诉时空如何弯曲，时空告诉物质如何运动**。

广义相对论所描述的引力，与其说是两个物体间的相互作用力，不如说是作为引力源的物质密度对它附近的时空结构产生的影响。一切物体的轨迹在弯曲的时空中都会发生改变，和**物体本身的结构无关**。不论是有质量的物体，还是没有质量的光，都会在引力场中改变轨迹。广义相对论，与其说是力学，不如说是**几何学**。

你可能在某些科普书或科普视频中看过这样的展示：在一张平整的床单上，小球会沿直线运动；但是如果在床单中心放一个重球，床单中心就会向下凹陷，此时从旁边经过的小球不再沿直线运动，而会在床单倾斜表面的影响下向着重球靠近，甚至围绕重球公转。这个例子非常直观、形象，但是不够严谨。首先，它缺少了时间维度，仅仅展示了二维空间（床单）的曲率，而爱因斯坦场方程描述的是四维时空的曲率。其次，在这个例子中，小球的轨迹根本上还是在重力的作用下被改变的，弯曲的床单只是将竖直的重力转化为平行于床单表面的分量，然后通过牛顿第二定律引导物体的轨迹，小球在床单表面经历的轨迹并不是"最短路径"；而在广义相对论中，不存在"力"，只存在"最长固有时"引导下的测地线。最后，稍作受力分析就会发现，小球在床单上的受力不符合平方反比定律，而广义相对论在低质量密度下的效果与万有引力非常接近。总之，这个比喻最不准确之处在于，它给人留下的印象依然是**动力学**的，只不过引力源以一种间接的方式（通过床单形变）将这种力传递给小球；但是，广义相对论取消了"力"的概念，它通过对时空度量规范（度规函数）的重新定义来决定物体的运动轨迹。

我们在上册中探讨万有引力时，区分了"引力质量"和"惯性质量"两个概念。前者用来描述物体之间产生万有引力的能力，即"引力荷"；后者用来描述物体抵抗运动状态改变的属性，或者说维持动量守恒的属性。物体受引力而改变运动状态，满足：

$$F = G\frac{M_{引}m_{引}}{r^2}$$
$$F = m_{惯}a$$

得出：

$$a = \frac{F}{m_{惯}} = G\frac{M_{引}}{r^2}\frac{m_{引}}{m_{惯}}$$

其中，$M_引$ 代表引力源的引力质量。$\dfrac{m_引}{m_惯}$ 是受吸引物体的引力质量和惯性质量之比，它体现的是物体本身的性质。

在经典力学中，尽管我们无法通过实验观察到差别，但没有理由要求这两个质量相同。但是，在广义相对论中，既然物体在引力场中的运动和物体本身的性质无关，那么这两个质量就必须相同。

再来看看宇宙学常数 Λ。无论牛顿还是爱因斯坦的引力理论，都面临这样一个问题：星体之间总是互相吸引，它们最终会聚拢在一起。爱因斯坦无法接受这幅图景，他认为宇宙在大尺度上应当是静态的，即永恒地保持现状。为了抵抗宇宙收缩，他在场方程中引入了宇宙学常数，用来抵抗宇宙收缩的趋势，保持静态的宇宙。几年之后，美国天文学家埃德温·哈勃（Edwin Hubble）发现，星体在大尺度上互相远离，宇宙并不像爱因斯坦设想的那样保持静态。爱因斯坦得知此发现后，对当初草率地引入宇宙学常数非常后悔，希望将它从场方程中清除出去。但是，随着物理学特别是宇宙学的发展，每当人们遇到难以解释的现象时，就会把宇宙学常数重新引入场方程，试图用它来解释各种假说，包括暗物质、暗能量、量子力学的零点能等。宇宙学常数是否必要？它究竟代表了什么？对于这些问题，到今天还没有令人信服的答案。宇宙学常数所背负的意义，展示了人们探索宇宙的脉络。

如前所述，基于等效原则，光在受到引力影响时，其运动轨迹也会和普通物质一样发生弯曲。牛顿的早期粒子光学也支持这一点，甚至爱因斯坦本人在最初基于等效原则推导出的光线偏折程度和经典力学的结论是一样的。不过很快，爱因斯坦在构造广义相对论的过程中，通过更严谨的计算，发现新理论预言的光线偏折程度是经典力学预言的两倍左右——这是广义相对论和经典力学的判决性实验。但是，光速太快了，需要非常大的质量才能使光线产生显著的偏折效果。我们在夜晚可以观察到遥远的星体。来自这些星体的光在进入太阳系后就直接到达地球，没有受到太阳系中质量最大的星体——太阳——的影响。在白天，这些光线掠过太阳表面，发生偏折后抵达地面，光芒却被阳光掩盖了。在一种情况下，人们可以观察到这些偏折的光线，那就是日全食，因为太阳的大部分光芒被月球掩盖。由于光线偏折，人们此刻观察到的遥远星球的位置和夜晚观察到的不同（就像透过水看到的筷子），通过对比就可以推算光线偏折程度（见图 2-6）。

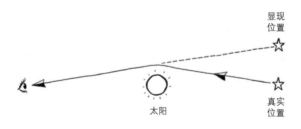

图 2-6　光线偏折

这样的机会很快就来了。1919 年 5 月，英国天文学家阿瑟·爱丁顿（Arthur Eddington）带领两支日全食观测队伍，奔赴非洲和南美洲。他们克服重重困难，拍摄下了太阳周围的星光，并通过计算，验证了广义相对论的预言。一夜之间，爱因斯坦被捧上神坛，成为破旧立新的全民偶像。事实上，以今天的标准来看，当时的观测结果是相当粗糙的，至多说明广义相对论的预言要比经典力学更接近现实，但很难说观测结果非常精确地证实了广义相对论的预言。不过，这在当时是民心所向的结果，人们希望看到这样一个优美的理论是正确的，更倾向于认可实验的过程和结论，而不是质疑其可信度。而且，在日后更精确的观测中，广义相对论的地位被不断巩固。

在广义相对论的发展早期，主要研究都集中在"弱场近似"的范围里；也就是说，对于爱因斯坦场方程这样的"非线性方程"，在星体质量密度不太大、时空弯曲非常微弱的范围里，只需考虑其线性近似即可（线性方程要比非线性方程容易解得多）。当然，人们主要关注的是经典引力理论无法解释的新现象，如引力透镜（包括刚才提到的日全食观测结果）、行星轨迹修正（如水星近日点进动）、引力时间膨胀（如引力红移）、引力波等。这些现象的观测难度不尽相同，其中一些直到百年之后才得以验证。

爱因斯坦本人并没有计算出场方程的严格解。德国物理学家卡尔·施瓦西（Karl Schwarzschild）在广义相对论发表数月之后就发现了第一个严格解——施瓦西解，第一次触碰了发生强烈扭曲的时空。但是，对施瓦西解的理解经历了几十年，人们对这个缺乏想象基础的奇特时空，只能通过解的数学特征一点一点拼凑出图景。伴随着宇宙学的迅速发展，广义相对论在 20 世纪六七十年代经历了一段黄金时期，人们发现了场方程的更多严格解，预言了"黑洞"这种奇特的时空结构，并发展了关于时空奇点和事件视界的理论、黑洞热力学、宇宙大爆炸理论，以及结合量子力学的霍金辐射等。

比相对论发展更迅猛的是量子力学。它和狭义相对论诞生在同一时期，从另一个角度颠覆了人们对世界的认知，发展至今已经统一了除引力以外的所有基本作用力。第 3 章将详细介绍量子力学的理论和历史。广义相对论在今天的核心任务之一，就是与量子力学统一起来，成为真正的大统一理论。对此，物理学家进行了很多尝试，可惜目前还没有完全令人信服的成果。

第 1 章指出，当理论要求一个速度在所有参考系中都相同时，我们可以证明，这个速度必须是所有传播速度的最大值，否则会出现因果倒置的悖论。尽管这个不变的速度，即光速，属于电磁力范畴，但是这个结论的适用范围不仅限于电磁力，也包括引力。如果一个星球 A 的位置发生扰动，那么遥远的另一个星球 B 可以通过探测引力的变化推导出距离的变化，进而推导出星球 A 的扰动形式。如果引力像牛顿认为的那样是"超距作用"（不论距离多远，都可以瞬间传播），那么 A 可以通过自己的扰动将信号瞬间传递给 B。如第 1 章所解释的，这种情况违背了因果性，即在某个惯性参考系中，B 在 A 传递扰动信号之前就接收到了信号。

基于这个逻辑，法国数学家庞加莱在 1905 年指出，引力的传播也必须符合这个限定条件，而且引力和光一样，也是以波的形式传播的，其传播速度等于光速。因此，与很多人的印象不同的是，"引力波"这个概念最早是由庞加莱提出的，比爱因斯坦发表狭义相对论的时间更早（注意，洛伦兹变换作为数学公式并不是由爱因斯坦首先提出的）。引力的传播机制究竟如何？它为什么以光速传播，又为什么以波的形式传播？这些问题都要等到十年后，由爱因斯坦场方程解答。借助弱场近似和一系列对称性，爱因斯坦找到了符合场方程的度规函数，证明引力在时空中确实以波的形式传播，并且传播速度就是光速。

引力波实在太弱了，连爱因斯坦本人对发现它都不抱太大希望。然而，随着实验技术的发展，在一百年后，人们终于探测到了引力波。有趣的是，探测引力波的装置（LIGO 的装置），就是之前提到的迈克耳孙 - 莫雷干涉实验装置，只不过这次的尺度要比前者大得多，其单臂长度达到了 4 千米，需要由一千多人组成的科学家团队 LIGO 来协作完成。尽管装置相同，但原理不同。之前人们假设：由于以太风的存在，互相垂直的双臂方向的光速不同，进而观测到干涉条纹的变化；现在，引力波产生的效果是直接改变双臂的臂长，从而观测到干涉条纹。同一个实验装置，第一次以违背预期的"零结果"佐证了狭义相对论，第二次以符合预期的结果验证了广义相对论。我们刚才解释了，广义相对论其实取消了引力的概念，代之以时空度规。因此，"引力波"是相当有误导性的名字，称之为"度规波"更合适。LIGO 实质上检测的也正是空间距离的变化。

引力波的发现之所以令人振奋，不仅在于它再一次验证了广义相对论，也在于它为人类观测宇宙提供了全新的**维度**。上册中的"光"一章介绍了各个频段的电磁波的应用。电磁波一直以来几乎是天文观测的唯一手段（除了极为罕见的中微子，或许还有陨石）。古人用肉眼看天象，后来的人们又发明了光学望远镜，这些都是利用可见光，即电磁波的一小部分。之后，随着对电磁学理解的加深以及实验仪器的发展，人们发明了射电望远镜、X 射线望远镜、伽马射线望远镜——这些也都利用了电磁波。

LIGO 首次发现的引力波来自两个黑洞的旋转碰撞。顾名思义，黑洞是不发光的，因此我们不可能通过电磁波**直接**"看"黑洞（当然，我们可以采用间接的方式，比如观测一束光掠过黑洞时发生的偏折现象）。但现在，我们有了听见引力波的"耳朵"，就可以直接获得来自黑洞的引力信息——这就是"全新观测维度"的含义。黑洞是宇宙学研究的重点，它描述了引力极强的时空区域，可以揭示引力与量子力学之间的关系，为两者的统一提供线索。

引力与电磁力有一个本质区别：电荷有正有负，同性相斥、异性相吸——这就会导致屏蔽现象，即法拉第笼效应。但引力不同，引力总是相吸的，不存在"负引力"。因此，尽管引力很弱，但在宇宙尺度上，由于总是叠加而占据了主导地位。引力还有一个特点：它在四种基本作用力中最弱。物理学中有一个基础原理：力越弱，传播距离越长。波的传播需要消耗能量，引力波也不例外。如果力很强，能量很快就耗尽了，传播的距离有限。相比之下，引力波可以传播得很远。由于引力波是以光速传播的，因此传播距离长就意味着传播时间长。也就是说，引力波可以为我们带来宇宙早期的信息。

这些信息可以有多早呢？比"要有光"更早。我们之后会介绍宇宙大爆炸模型。该模型认为，宇宙在一次爆炸中诞生，然后经历了一个迅速冷却和膨胀的过程。在这个过程中，各种作用力逐渐"脱耦"，从一个混沌的状态，通过降温逐渐解脱出来，伴随基本粒子的凝结，形成元素、分子、星球。在这个过程中，第一束光被释放出来，是相当晚的事。如果通过电磁波来探测宇宙初期的信息，那么我们最早只能追溯到第一束光释放的时刻，在此之前的宇宙是无法通过光信号观测的。但是，因为引力几乎在大爆炸初期就脱耦了，所以引力波蕴含宇宙更早期的信息。

看到这里，你或许可以体会到"相对论"是多么糟糕的名字，它给人一种相对主义（"一切都是相对的，没有什么是绝对的"）甚至虚无主义的印象。然而，恰恰相反，无论狭义相对论还是广义相对论，强调的都是绝对性和不变性。我们所观察到的时空，作为一种表象和规范，可以是相对的；但物理在时空中呈现出的规律，不依赖于任何具体的时空规范选择，是绝对、不变的。

回顾本章和第1章，你会发现，狭义相对论基于电磁力推导出时空性质；广义相对论则拓宽了协变性的应用范围，改写了引力的表达方式。相对论是关于时空本身的理论，无论是引力还是电磁力，都必须遵守它：恒定的光速，也是引力的传播速度；光在物质产生的时空扭曲场中，也必须遵循测地线的轨迹。电磁力和引力是截然不同的基本作用力，却在相对论的时空中默契地交互着。但这并不意味着两种力实现了统一。爱因斯坦在后半生致力于用统一的框架描述这两种力，但最终没有成功。今天，除引力以外的三种基本作用力都被统一在量子力学的框架中；而引力作为一门几何学，仍然与力学图景若即若离。爱因斯坦的遗愿，仍然鞭策着今天的物理学家。

第 3 章

量子力学

在 20 世纪爆发的两场物理学革命中，量子力学对今天物理图景的影响更为深远。如果说相对论改变了人们对时空的认识，那么量子力学则改变了人们对"实体"的认识，从某种程度上说，甚至改变了对"认识"的认识。

量子力学的基础非常抽象晦涩，需要的数学工具也非常复杂。因此，本书不会做严格详尽的数学推导。更何况，量子力学之奇特，即使不同的物理学家认可同一个数学公式，对它的诠释也可以千差万别。量子力学在计算和实验层面的明晰与精准，较之在理论基础层面的含混与诡异，形成强烈反差。相对论从最基础的原则出发，经过思想实验和逻辑推导，衍生出完整的理论体系。与此不同的是，量子力学从经典力学无法解释的现象开始，剥茧抽丝，由表及里地构造理论，逐渐形成今天的面貌。另外，相对论的基础主要是由爱因斯坦一人奠定的，而量子力学是一大批聪明的头脑前赴后继、共同建造的理论大厦，在发展过程中不乏出现理论互相否定或融合的精彩故事，也充满了关于哲学基础与科学方法论的激烈辩论。因此，了解量子力学的发展历史，对理解量子理论的现状是重要甚至必要的。本章将沿历史脉络梳理量子理论的发展过程，展示那些推进理论发展的关键节点，介绍对量子力学基础问题的几种主流诠释。如果你看完后感觉更困惑了，眼前的世界更陌生了，甚至感觉对物理学的信心不那么足了，不用担心，这说明你离量子力学更近了。

开尔文勋爵在 20 世纪初的演讲"在热和光动力学理论上空的 19 世纪乌云"中提到两朵乌云，第二朵便是关于"黑体辐射"的理论困境。

"黑体"是一个理想物体。它可以完全吸收所有电磁辐射——不论是什么频率、什么强度、什么方向的电磁辐射，都照单全收，完全不反射。同时，这个物体处于热平衡态，因此需要释放电磁波来保证能量收支平衡。黑体输出的电磁波和输入波没有关系，完全由物体本身的特征决定。"黑体"这个名字具有误导性，它指吸收所有入射光，而并非不释放任何光。通过经典热力学可以推导出黑体在不同输出波长的辐射强度，这个公式（称为瑞利－金斯定律）在长波段与实验结果吻合，但在短波段相差甚远。更致命的是，根据这个公式，短波段的辐射是发散的，趋向于无穷大，称为"紫外灾难"。

　　实验得到的黑体辐射曲线如图 3-1 所示，每条曲线对应一个热平衡温度。峰值对应的辐射强度最大，意味着在所有输出辐射中，它所占的比例最高。如果一条曲线的峰值落在可见光波段内，那么这个物体就会呈现相应的颜色。随着温度升高，曲线形状发生变化，峰值的位置也逐渐从右（长波）向左（短波）移动。这个规律由德国物理学家威廉·维恩（Wilhelm Wien）于 1983 年发现，称为"维恩位移定律"。维恩得出的辐射强度函数在短波（对应高温）区域和实验结果吻合得很好，但在长波（对应低温）区域相差甚远。这一点和经典热力学的结论刚好相反。比如，我们说铁被"烧得通红"——铁在常温下对各频率自然光的吸收和反射都差不多，呈银白色，随着温度升高，它会逐渐变红、橙、黄、白，说明它的输出辐射强度峰值从不可见的长波区域进入红色波段，然后继续进入更短的黄色波段。铁不会出现青、蓝、紫这些颜色，因为那超过了它的熔点。注意，这个颜色不是铁物质的颜色。任何材质的（准）黑体在这些温度下都会呈现出同样的颜色。比如，太阳的温度对应的辐射强度峰值落在黄－青波段，这就是太阳呈现的颜色（由于人眼视觉细胞对不同波长的光的感应强度不同，因此太阳看上去偏白色）。

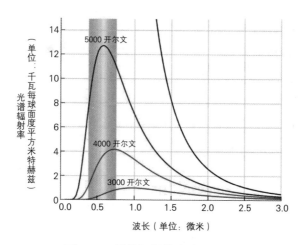

图 3-1　黑体辐射曲线（见彩插）

黑体辐射问题困扰了许多科学家，包括德国物理学家马克斯·普朗克（Max Planck）。在今天的许多教科书上，普朗克的工作被简单地总结为：消除瑞利－金斯定律和维恩位移定律的矛盾之处，找到一条可以拟合全波段辐射强度的曲线，然后通过统计力学发现离散的"光子"。事实上，整个过程要复杂得多。普朗克并不是从一开始就拥抱新物理的改革者，恰恰相反，他是一个保守但不固执的经典物理学信徒。普朗克在这项研究中的思想转变可以帮助我们管窥当时身处时代更迭中的经典物理学家对待新问题和新物理的态度。就像在上册中还原麦克斯韦方程组的"脚手架"那样，我们接下来仔细回顾普朗克在 1900 年前后的工作，以及他在之后十几年里的思想转变。

在攻读博士学位期间，普朗克就着迷于热力学第二定律，特别是熵和不可逆性的本质。在 19 世纪 90 年代，对热力学第二定律的统计诠释逐渐成为主流，人们开始接受这样的观点：一切热学性质都可以还原为原子的统计行为。在这一点上，早期的普朗克非常保守。他既不认同统计视角，也不相信原子假说。他坚信熵增的不可逆性是真实且本质的。他反对统计诠释中存在的熵减的可能性，即使计算出的概率微乎其微。但是，随着统计方法逐渐被用于解释更多的物理现象和化学现象，他的态度开始改变，尝试从微观角度去理解不可逆性。

当时，玻尔兹曼的统计方法有一个局限：无法分析受电磁力作用的粒子，也无法分析电磁振荡本身。而当时的人们已经认识到电磁辐射是携带能量的，因此必须将它纳入热力学体系中。黑体辐射问题提供了契机，普朗克相信他可以从中找到电磁辐射熵的秘密，向熵的本质迈近一步。这个过程非常艰难——人们很快意识到麦克斯韦方程组符合时间反演对称，这与熵的不可逆性矛盾。

维恩位移定律是普朗克研究黑体辐射问题的起点。他认同维恩的结论，也非常认可维恩完全从一般热学论据出发的推导过程，但他不满足于此。在他看来，仅仅通过拟合一条实验曲线来得到一个经验定律，称不上一项完整的物理学工作。物理学家必须找到更深层的原因来推导出这个定律。普朗克认为，熵就是钥匙。

普朗克在 1900 年发表了两篇重要的文章。在第一篇文章里，他以阻尼振荡的电偶极矩作为黑体辐射的基本辐射源，将黑体辐射归因于阻尼导致的能量耗散——可以将其想象成一个在粗糙表面上来回运动的弹簧振子，振子的能量以摩擦生热的形式扩散出去。普朗克根据宏观热力学公式计算出不同振荡频率（等同于电磁辐射频率）的电偶极矩的熵函数和辐射强度。在推导过程中，他同时修正了维恩位移定律，让辐射强度在长波部分与瑞利－金斯定律吻合。注意，这篇文章完全是用宏观热力学方法推导的，既没有使用统计方法，也没有将电偶极矩与原子对应。

尽管新的公式已经解决了瑞利－金斯定律和维恩位移定律的矛盾，但普朗克显然不满足于此，他试图为电偶极矩的熵函数找到一个更深层、更简单的解释。在尝试各种方法无果后，他终于转向统计方法。他在第二篇文章中明确指出：熵体现了一种无序状态，这种无序与特定振荡频率的电偶极矩的不同振幅和相位有关。某个频率的黑体辐射强度，应该被视为该频率上所有可能的振幅与相位的振荡在时间上的平均值。这些振荡拥有不同的概率，并且互相独立。熵描述了这些振荡的统计特性，因此可以指导我们找到分布概率。根据玻尔兹曼理论，一个态的概率与其能级呈指数反比关系。因此，由上一篇文章得出的公式，普朗克发现，电偶极矩的振荡能量必须是某个最小能级的整数倍，那些能量不是整数倍的振荡是被禁止的——这就有效防止了紫外灾难。这个最小能级与振荡频率成正比，其正比系数记作 h，就是我们熟知的普朗克常数：

$$E = hf$$

其中，f 是电偶极矩的振荡频率，也是光的频率；E 是最小能级；h 是普朗克常数，它的值非常小，约为 6.6×10^{-34} 焦耳秒。

今天，人们将这篇文章视为量子力学的里程碑，将普朗克常数视作一门新物理学的开端，但这更多是一种历史重构。回到 1900

年，恐怕所有人（包括普朗克本人）都不会这么想。普朗克对这个简洁的结论依然不满足，他仅仅将其视作一种纯粹的假设，在未来的几年里试图利用经典电磁理论理解离散能级的产生机制——的确，能量必须聚集在一个最小单位上一份一份地传递，这和所有以往的物理理论相比，都太格格不入了。但是，这些努力都是徒劳。约十年后，他才开始认同，量子概念具有基础地位，无法被还原为任何经典理论，一门全新的物理学事实上已经建立起来了。

这里必须指出普朗克推导中的显著矛盾：电偶极矩的能量是量子化的，但是它们辐射出的电磁波仍然是按经典、连续的麦克斯韦理论描述的。离散的能级怎么能够释放出连续的辐射？关于这一点，普朗克没有说明。我在此指出这一点，并不是对普朗克的工作吹毛求疵，而是为了引出爱因斯坦在这个方向上的创造性突破。就像本章开头所说，量子力学是一大批聪明的头脑前赴后继创造的集体成果，对经典物理图景的革命不是一蹴而就的。

针对这个矛盾，爱因斯坦大胆地往前迈了一步。在他的奇迹年（也就是 1905 年）发表的《关于光的产生和转化的一个启发性观点》里，爱因斯坦将注意力从作为辐射源的电偶极矩转移到黑体辐射本身，推导出了辐射的熵函数。他发现，单频率辐射的熵在统计意义上表现得就像离散、独立的粒子那样，而这些"粒子"的能量和普朗克的结论完全一致。他进而将结论推广到更一般的情形：所有电磁波都是以这样一种粒子般离散的能级存在和传播的，其能级间隔，也就是今天所说的"光子"，符合普朗克的公式：

$$E = hf$$

其中，f 是电磁波的频率。

随后，爱因斯坦用这个结论完美解释了当时困扰许多人的另一个现象：光电效应。

当高强度的光照射在金属表面时，会有一部分电子从金属表面逃逸出来（见图3-2）。这个现象在经典物理学中不难解释：作为电磁波，光会激发金属中的自由电子运动，当电子的动能足够大时，就会脱离金属的束缚。但是，如果研究逃逸电子的动能和电流与光的频率和振幅之间的关系，我们就会发现经典物理学的预言与实验结果不符。经典物理学认为，光的振幅越大，电磁场越强，受激电子积累的能量越多，就越容易逃逸出金属表面，并且逃逸后携带的动能越大，电流也越大。由于电子需要积累足够的能量才能逃逸，因此这个"能量阈值"自然是由光的振幅决定的。此外，光的频率越高，电子振动越频繁，逃逸概率越高，电流也随之增大。

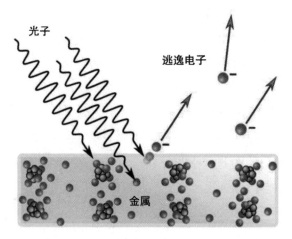

图3-2　光电效应（本图在 CC BY-SA 4.0 许可证下使用）

　　然而，我们在实验中观察到的现象完全不同。电子能否逃逸，以及逃逸后的动能大小，和光的振幅无关，完全由光的频率决定；电流大小则完全由光的振幅决定，与光的频率无关。

　　如果我们接受了"光的能量是一份一份传递的"这个设定，上述矛盾就会迎刃而解。光的强度，即振幅，决定的不是每个光子的能量，而是光子的密度。如果频率太低，那么每个光子的能量不足以将电子从金属表面激发出来，强度再高、光子数量再多也没有用。频率越高，电子从每个光子吸收的能量越大，逃逸后的动能就越大。此时，增加光的强度，即增加光子密度，可以激发更多电子逃逸，导致电流变大。

　　爱因斯坦这一步推进非常大胆，他在某种程度上挑战了麦克斯韦电磁理论的权威。当时，经典电磁理论方兴未艾，人们尚未完全理解麦克斯韦方程组的全部意义，但是有一点已被公认：以牛顿为代表的光粒子理论早已埋进历史的故纸堆，波动学说已经成为光的标准语言，而爱因斯坦竟然试图让前者死灰复燃。然而，爱因斯坦并非将光量子假设立于麦克斯韦电磁理论的对立面。这篇论文的前言里有两段充满见解的论述 ①：

　　在物理学家关于气体或其他有重物体所形成的理论观念同麦克斯韦关于所谓空虚空间中的电磁过程的理论之间，有着形式上的深刻分歧。这就是，我们认为一个物体的状态是由数目很大但还是有限个数的原子和电子的坐标和速度来完全确定的；与此相反，为了确定一个空间的电磁状态，我们就需要用连续的空间函数。因此，

---

① 摘自《爱因斯坦文集》第二卷。

为了完全确定一个空间的电磁状态，就不能认为有限个数的物理量就足够了。按照麦克斯韦的理论，对于一切纯电磁现象因而也对于光来说，应当把能量看作连续的空间函数，而按照物理学家现在的看法，一个有重物体的能量，则应当用其中原子和电子所带能量的总和来表示。一个有重物体的能量不可能分成任意多个任意小的部分，而按照关于光的麦克斯韦理论（或者更一般地说，按照任何波动理论），从一个点光源发射出来的光束的能量，则是在一个不断增大的体积中连续地分布的。

用连续空间函数来运算的波动理论，在描述纯粹的光学现象时，已被证明是十分卓越的，似乎很难用任何别的理论来替换。可是，我们不应当忘记，**光学观测都与时间平均值有关，而不是与瞬时值有关**，而且尽管衍射、反射、折射、色散等理论完全为实验所证实，但仍可以设想，当人们把用连续空间函数进行运算的理论应用到光的产生和转化的现象上去时，这个理论将和经验相矛盾。

以上论述精彩地展示了爱因斯坦对于基础物理概念的创造性诠释和大开大合的视野：对于同一种现象，诠释方法可以是多元并存的。面对光的不同阶段（产生、转化、传播），应当允许用不同的视角和方法来描述。这种区分可能来自物理概念的本性，更可能来自观测者的局限：人总是观测到光在一段时间里的平均值，而非瞬时值。光就是这样一种极其独特的现象：作为光子，它呈现粒子般的特征；作为电磁波，它呈现波的性质。我们称这种特性为**波粒二象性**。

波粒二象性是量子力学的核心概念之一。

不过，仅仅因为光的能量是一份一份的，就说它是粒子，恐怕有些牵强。有这样一种说法：如果一个动物看起来像鸭子，游起泳来像鸭子，叫声像鸭子，那么它可能就是鸭子。要让光成为合格的粒子，除了能量，还要为它赋予粒子所具备的其他性质，比如动量、质量。

我在上册中的"光"一章的章末介绍了电磁场的能量密度和动量密度。对平面波来说，能量密度 u 和动量密度 g 满足如下简单的关系：

$$g = \frac{u}{c}$$

因此，光子的动量可以简单地定义为：

$$P = \frac{E}{c}$$

第 1 章引入了物体的动量四矢量：

$$P_x = m\frac{u_x}{\sqrt{1-\dfrac{u^2}{c^2}}}$$

$$P_y = m\frac{u_y}{\sqrt{1-\dfrac{u^2}{c^2}}}$$

$$P_z = m\frac{u_z}{\sqrt{1-\dfrac{u^2}{c^2}}}$$

$$P_t = m\frac{1}{\sqrt{1-\dfrac{u^2}{c^2}}} = \frac{E}{c^2}$$

简写作：

$$P = m \frac{u}{\sqrt{1 - \dfrac{u^2}{c^2}}} = m_{动} u$$

$$E = \frac{mc^2}{\sqrt{1 - \dfrac{u^2}{c^2}}} = m_{动} c^2$$

物体的能量和动量满足如下"色散关系"：

$$P = \frac{E}{c^2} u$$

将这个关系推广至光，即速度为光速：

$$u = c$$

获得的动量公式和刚才一致：

$$P = \frac{E}{c}$$

但同时，上述公式的分母 $\sqrt{1 - \dfrac{u^2}{c^2}}$ 也为零。为了让公式有意义，我们必须让光的静质量等于零：

$$m = 0$$

还记得我们说过普通物体不可能被加速到光速吗？只有让光子的静质量为零，才能实现光速。

光子的能量和动量分别为：

$$E = hf$$
$$P = \frac{E}{c} = \frac{hf}{c} = \frac{h}{\lambda}$$

其中，λ 是光的波长。

关于光子的质量，这里要多说几句。一方面，对普通物体来说，质量是维持动量守恒的属性。如果以此为基础定义动质量，那么光子应该具有非零的动质量：

$$m_{动} = \frac{P}{c} = \frac{hf}{c^2}$$

另一方面，光子的静质量为零，又让动质量的概念失去了意义：

$$m_{动} = \frac{m}{\sqrt{1 - \frac{u^2}{c^2}}} = \frac{0}{0}$$

因此，"光子质量为零"的说法是一种**妥协**，是为了**拓展**"粒子"的含义，让它接纳光子。然而，这种拓展并不总是有效的（比如光子的动质量）。因此，我们在讨论"光子质量"的时候必须格外小心，注意"质量"的定义在此语境下是否可以有效扩展。

上册中的"原子结构"一章介绍了卢瑟福的经典原子模型，该模型认为电子像行星公转一样围绕着原子核旋转。然而，这个模型面临很多问题。比如，电子公转时有加速度，根据电磁力理论会激发出电磁波，伴随着电子能量减小，轨道半径减小，最终掉进核内。即使不是因为这个原因，电子也可能因为受到别的粒子撞击而偏离原先的轨道，受库仑力吸引而掉进核内。还有，电子吸收或释放光时，轨道和能量都会改变，对应的光谱应该是连续的，但原子的发射光谱和吸收光谱总是离散的（见图3-3）。

图3-3　氢原子发射光谱（可见光波段，见彩插）

针对这些问题，以及当时已经总结出的氢原子光谱的公式，卢瑟福的学生、丹麦物理学家尼尔斯·玻尔（Niels Bohr）于1913年提出新的原子模型。该模型依然认为电子拥有圆形轨道，但认为轨道半径不是连续的，而必须符合特定的离散条件。玻尔最初并不知道轨道半径由什么决定，但他知道：电子在离散的轨道之间跃迁时，会释放或吸收能量，这个能量是以光的形式传递的。根据光的粒子性，他认为每个光子频率应该由轨道能级之差决定，即：

$$hf = E_m - E_n$$

之前说过，经典物理学认为，电子做圆周运动时会释放电磁波，伴随能量损耗。作为振动源，电子释放的电磁波的频率和电子做圆周运动的频率相同。这个观点显然和上述公式不符。但是，这也为我们提供了线索。

和牛顿的绝对时空观相比，尽管狭义相对论在本质上是不同的理论，但是在低速环境下，两者在数值上非常接近。这一方面确保了狭义相对论不违背日常经验，另一方面又可以用一个理论同时刻画拥有不同速度的世界。这对量子力学也适用。在普朗克的黑体辐射模型中，在长波低频段，光子的能量很小，相应地轨道数很大，得出的曲线和经典力学推导出的曲线在数值上非常接近。而在光子能量很大、轨道数较小的短波高频段，量子力学呈现出和经典力学不同的效果。也就是说，量子理论在量子数很大的情况下，应该和经典理论是非常接近的。玻尔将这个原则称为"对应原则"。

基于对应原则，玻尔认为：对于量子数很大的电子轨道，当电子跃迁至附近的另一条轨道上时，所释放或吸收的光子的频率应该和电子公转的频率非常接近。基于这个假设，玻尔推导出电子轨道的半径符合如下公式：

$$r_n = r_1 n^2$$

其中，r_n 是第 n 条轨道的半径，r_1 是第一条轨道的半径。

$$r_1 = \frac{h^2}{4\pi^2 mkq^2} \cong 0.05（纳米）$$

其中，h 是普朗克常数，k 是库仑常数，m 是电子的质量，q 是氢原子核携带的电荷（一个电子携带的电荷是 $-q$）。

这个公式告诉我们，电子轨道存在最小半径 r_1，电子到氢原子核的距离不可能小于这个半径。而且，越靠近原子核的轨道越稀疏，越远离则越稠密，越接近经典力学所描述的连续情形。相应地，不同轨道的能量等于电子公转的动能加上静电势能，符合以下公式：

$$E_n = \frac{E_1}{n^2}$$

注意，由于电子处于被束缚的状态，因此所有能级的能量都是负的。E_1 是最低能级，即轨道半径是 r_1 的电子的能量。既然电子的轨道是离散的，那么电子就不能像行星那样从一条轨道逐渐地进入另一条轨道，而是突然地切换轨道，这个过程称为"跃迁"。电子在跃迁过程中吸收或释放的光子的频率为：

$$f = \frac{E_m - E_n}{h} = \frac{E_1}{h}\left(\frac{1}{m^2} - \frac{1}{n^2}\right)$$

这个公式与实验观察到的氢原子光谱高度吻合。

究竟为什么是这些轨道？轨道半径为何与序号 n 呈平方关系？玻尔发现，这个半径公式符合一年前由英国物理学家约翰·威廉·尼科尔森（John William Nicholson）提出的一条简单规律：

$$L_n = mv_n r_n = n\frac{h}{2\pi}$$

其中，L_n 是第 n 条轨道上的电子相对氢原子核的角动量，它等于电子动量乘以轨道半径。玻尔原子模型要求：电子的角动量是量子化的，且是 $\frac{h}{2\pi}$ 的整数倍。

几年后，玻尔拓展了他的原子理论。他认为，每条轨道上可以容纳的电子数量是有限的。对拥有多个电子的原子来说，低能级的轨道排满后，排高能级的轨道，直到所有电子都找到自己的位置。这个层级理论可以用来解释元素周期表的形状和各族元素的性质。更详细的解释可以回看上册中的"原子结构"一章。

尽管玻尔的原子理论非常成功，但它的绝大部分阐释仍基于经典物理学：电子依然是点粒子，依然有圆形轨道、动能、势能、向心力等经典概念，其动力学也和行星动力学一样。区别仅在于电子的波动性以某种诡异的方式规定了一组离散的轨道。这个时期的量子理论通常被称为"旧量子理论"。

下一位出场的人物将量子力学推向了一个新阶段。玻尔的助手、德国物理学家维尔纳·海森伯（Werner Heisenberg）反思玻尔的氢原子模型：我们真的可以用行星来类比电子吗？人们可以明确地观测到行星的轨道，但是在微观世界，人们无法直接观测到电子、原子核，只能通过现象来间接地推测原子的内部结构。对于氢原子，我们真正能观测到的其实只有吸收光谱和发射光谱而已。

海森伯认为，物理学家的全部工作，只是**构建**一个理论，去解释已经观测到的现象，并去**预测**将要观测到的现象。对于那些无法观测到的部分，我们没有必要甚至不应该去探讨。这个观念深受奥地利哲学家马赫的影响，第 7 章将介绍马赫的思想。

与其讨论电子的位置，不如直接讨论电子在不同能级间的跃迁行为。对前者而言，我们描述的是电子在某**一条**轨道上的状态；但对后者而言，我们总是描述电子在**两条**轨道之间的**关系**。光谱是**唯一**可以观测到的量，每一条光谱线都与两条轨道有关。这是一个非常抽象的概念。海森伯认为，这是我们在研究电子时唯一可以讨论的概念。如果我们将所有轨道依次罗列开，用一些"数"描述任意两条轨道之间的"关系"（这些"数"既包括位置、动量等基础物理量，也包括由此衍生出的势能、动能等高级物理量），那么每一个物理量作为一个整体概念就表现为一张二维表格。如果熟悉线性代数，你就会明白，海森伯其实是用矩阵来表示物理概念，而在经典物理学中，这些概念通常是用数值来表示的。物理概念之间的四则运算（特别是乘法），对应的恰好也是矩阵的四则运算。

与普通的数不同，矩阵有一个非常重要的特性，那就是"非对易性"。数符合乘法交换律，即：

$$ab = ba$$

但这对矩阵来说通常是不成立的：

$$AB \neq BA$$

两者之差称为两个物理量的"对易子"。根据对应原则，对易子在经典力学中应该趋于零。海森伯没能进一步揭示对易子的真相，这个问题最终由英国物理学家保罗·狄拉克（Paul Dirac）解决。基于氢原子问题，狄拉克证明，坐标和动量的对易子恰恰与普朗克常数有关：

$$XP - PX = \mathrm{i}\,\frac{h}{2\pi}\,I$$

其中，X 和 P 分别是代表电子坐标和动量的矩阵，i 是数学中的**虚数单位**，h 是普朗克常数，I 是单位矩阵，相当于数字 1。这个公式称为量子力学的**基本方程**。它的确符合对应原则：在经典世界里，X 和 P 都非常大，相比之下普朗克常数 h 可以忽略不计，两个物理量近似对易。

到此为止，量子力学算是真正走出了经典力学的框架，得到了第一个系统性的表述：矩阵力学。伴随着海森伯对于物理学的哲学思辨，量子力学经历了一个新的里程碑，它的诡异与晦涩也由此向人们徐徐展开。

花开两朵，各表一枝。普朗克和爱因斯坦用光子分别解释了黑体辐射和光电效应。在经典力学中，光被视为波，具有波长、频率等概念。在量子力学中，我们为它赋予了粒子性，引入了能量、动量、质量等概念。受此启发，法国物理学家路易·德布罗意（Louis de Broglie）在 1923 年提出了一个非常大胆的想法：能否将上述逻辑反过来，以能量和动量为基础，在经典力学中为粒子赋予波动性？即，通过：

$$E = hf$$
$$P = \frac{h}{\lambda}$$

定义粒子的频率和波长，并且用波来描述粒子的状态：

$$f = \frac{E}{h}$$
$$\lambda = \frac{h}{P}$$

由于普朗克常数非常小，因此粒子对应的波长极短，频率极高，远远超出了日常经验的尺度。不久后，美国物理学家克林顿·戴维森（Clinton Davisson）和莱斯特·革末（Lester Germer）在实验室中将电子束照射在晶体上，发现了只有波才会呈现出的衍射图案，从而验证了德布罗意的猜想。

不仅是光子，普通粒子也具有波粒二象性，这是一个惊世骇俗的结论。人们开始意识到，波粒二象性是一切存在的基础。粒子的波动性引发了量子力学的第二个系统性的表述：波动力学。

刚才我们指出，玻尔原子模型的一个结论是角动量量子化。其实，这个结论也可以从德布罗意的波粒二象性中得到。由于电子的波动性，它必须在轨道上呈现为稳定的驻波，就像吉他琴弦一样（见图 3−4）。也就是说，轨道周长必须是波长的整数倍：

$$2\pi r = n\lambda$$

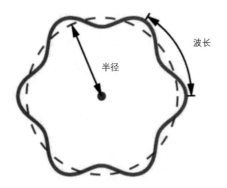

图 3-4 轨道上的驻波

根据电子的波粒二象性，波长由动量决定：

$$\lambda = \frac{h}{P} = \frac{h}{mv}$$

于是：

$$mvr = \frac{nh}{2\pi}$$

这和玻尔得出的角动量量子化的结论完全一致！

回顾经典电磁理论，我们知道，电磁波是麦克斯韦方程组的解。既然物质是以波的形式传播的，我们不禁要问：是什么样的动力学导致了物质波？换句话说，物质波是什么方程（或方程组）的解？

奥地利物理学家埃尔温·薛定谔（Erwin Schrödinger）从德布罗意的物质波函数反推出自由粒子的运动方程，于 1926 年推导出受力物体的动力学方程，这就是大名鼎鼎的薛定谔方程——此时距离海森伯提出矩阵力学仅过了六个月。薛定谔方程是一个二阶偏微分方程，它的解就是描述物体波动性的波函数。这个理论相应地被称为"波动力学"。将薛定谔方程运用到氢原子问题上，可以得出和玻尔原子模型完全一样的能级。不仅如此，它还可以推导出玻尔原子模型无法给出的额外信息，例如不同光谱线的相对强度。之后，薛定谔又用这个方程求解了海森伯用矩阵力学解过的一维谐振子，得出了同样的结果。波动力学看似是矩阵力学强有力的竞争对手，但不久之后，薛定谔就证明了两者在数学上是**等价**的 ①。矩阵力学中代表物理量的矩阵，在波动力学中的含义是作用于波函数的一次"操作"，或用数学术语来说是一个算符。通过波动力学，狄拉克从氢原子模型中得到的量子力学基本方程也被推广到一般场景。

然而，数学上等价并不意味着物理意义完全相同。波动力学比矩阵力学多了一个元素，那就是薛定谔方程的解——波函数。在构建薛定谔方程之初，这个波函数只是笼统地代表粒子的波动性，即德布罗意波。但是它的值究竟具有什么物理含义？它在经典力学中有对应的概念吗？

在证明波动力学和矩阵力学等价之前，波函数被视为裁决正确理论的核心概念之一；或者更确切地说，它是玻尔和海森伯攻击波动力学的焦点。和坚定奉行马赫主义 ②的海森伯不同，薛定谔并不避讳讨论那些无法在实验中观测到的概念。在他看来，从实验给出

① 这意味着，通过矩阵力学也可以推导出光谱线的强度关系。但由于其物理定义和数学语言对物理学家来说晦涩难懂，因此这个结论率先通过波动力学推导出来。

② 参考第 7 章。

的线索中构建一个符合**直觉**的世界，以此作为物理理论的根基，是再自然不过的事。更何况，波动力学所用的数学语言是当时已被物理学家熟知的波动模型，相比艰深晦涩的矩阵更容易被物理学家接受。薛定谔方程描述的是一个在时间和空间上连续的动力学过程，作为解的波函数自然也是在时间和空间上连续的函数。薛定谔相信量子力学的一切过程都会还原到薛定谔方程（当时测量问题还未浮现），尽管他当时还不知道波函数的物理含义究竟是什么。但是，玻尔和海森伯坚信，离散、瞬间、不需要任何过程的跃迁行为是量子力学区别于经典力学的关键。

波函数的最后一块拼图很快就被发现了。从薛定谔方程出发，薛定谔发现波函数可以写成经典力学中的流体物质守恒方程，于是波函数自然地被赋予了密度与密度流的含义。薛定谔一开始将它视为简单的物质密度，但这会导致粒子像流体那样，质量和电荷都连续分布，失去了粒子性。德国物理学家马克斯·玻恩（Max Born）提出，应该从统计角度理解波函数，它代表的是在某个时空区间发现一个粒子的**概率**。尽管粒子的概率可以连续地在空间中分布，但一旦找到了它，它就必然以一个**完整**的粒子形象出现。当粒子数量非常多的时候，总粒子数乘以概率就是粒子密度——这就无缝过渡到了经典力学。至于"发现一个粒子的概率"究竟是什么意思，这涉及量子力学最基础的问题之一：测量问题。我们稍后详细探讨。

这里补充一个数学细节：波函数是一个复数，它既有振幅又有相位。代表概率的量是振幅的平方，是一个实数。一个复数的相位不会影响它自身的概率。但是，当两个复数叠加时，它们的相位可能出现互相增长或互相抵消的情况，就像机械波和电磁波呈现出的干涉现象。这正是粒子波动性的体现。

海森伯始终无法接受波函数模型。他没有在这个问题上深究，转而将注意力放在测量本身上，或更确切地说，放在量子系统的测量极限上。他在自己的矩阵力学中发现，物理量的非对易性会带来匪夷所思的性质。对于一个量子态，它的位置和动量值都符合一定的概率分布，这会导致测量结果带有一定误差。通常来说，我们可以通过实验手段来尽量减小观测误差，比如用高放大率显微镜去观察微观世界的粒子，类似操作在量子力学中也是允许的。但是，海森伯发现，由于量子力学中的位置和动量满足非对易性，因此粒子的位置和动量无法同时被精确测得。两者的不确定性之乘积有一个理论最小值：

$$(\Delta X)^2 (\Delta P)^2 \geq \frac{h^2}{16\pi^2}$$

通常简写作：

$$\Delta X \Delta P \geq \frac{h}{4\pi}$$

也就是说，对于一个处于特定状态的粒子，它的位置测量得越精确，其动量的测量误差就越大，反之亦然。注意，不等号右边的值由普朗克常数决定，这意味着该效应只在量子世界中出现。在经典世界中，这个下限可以忽略不计，可以同时非常精确地测量物体的位置和动量，符合对应原则。这个性质称为"不确定关系"，即非对易的两个物理量无法同时确定。一些较旧的教科书或科普书称之为"测不准原理"。这个称呼会造成误解，仿佛这是由于测量技术所限。其实，海森伯本人一开始也认为，不确定关系是一种"观测者效应"，即观测行为本身对观测结果产生的不可抵消的影响。设想人们用高度精确的手段去测量粒子的位置，比如用波长很短的光与粒子发生散射，那么光的频率就很高，光子的动量也就很大。在测量过程中，光子与粒子发生碰撞，导致粒子动量的测量误差更大。他未加证明地指出，如果观测者以一定的精度测量粒子的位置 X，其**误差**为 ΔX 的话，那么粒子的动量 P 受到的**扰动**为 ΔP，误差和扰动满足不等式：

$$\Delta X_{误差} \Delta P_{扰动} \geqslant \frac{h}{4\pi}$$

注意，海森伯不等式描述的是仪器对粒子的测量行为，和粒子自身的性质不完全是一回事。由于人们很难在不进行观测的情况下讨论粒子物理量的不确定性，因此这个混淆延续到了 21 世纪。在 2003 年，日本物理学家小泽正直设计出一套兼顾低干扰和高精度的间接测量方案：用一个处于量子态的探头和粒子产生交互，然后观测探头的物理性质，由此推断粒子的性质。小泽正直修正了海森伯不等式：

$$\Delta X_{误差} \Delta P_{扰动} + \Delta X_{误差} \Delta P_{自身} + \Delta X_{自身} \Delta P_{扰动} \geqslant \frac{h}{4\pi}$$

其中，"误差"表示对位置 X 的测量误差；"扰动"表示测量行为对动量 P 的扰动；"自身"指该粒子在被测量前的自身不确定性。注意，这个修正后的不等式描述的是测量行为所满足的不确定性。粒子自身的不确定关系依然成立，它与测量行为无关：

$$\Delta X_{自身} \Delta P_{自身} \geqslant \frac{h}{4\pi}$$

在这个新的不等式下，取决于粒子的内禀性质，我们完全可能在严格精确地观测粒子位置的同时，精确地测量粒子的动量 [1]，反之亦然。在 2012 年，小泽正直团队通过实验验证了这个新的不等式，由此证明海森伯不等式是错误的，观测者效应无法解释不确定关系。

但是，海森伯讨论的"观测者效应"在量子力学中是真实存在的，只是不像他最初设想的那么直观。尽管对一个量子态来说，测量某个物理量得到的结果是随机的，但是经验告诉我们，一旦测量一次后，紧接着测量第二次、第三次时，它的结果和第一次一样。这说明第一次测量行为改变了观测对象的形态，导致它看上去更像处于一个经典状态。观测行为究竟如何改变观测对象？观测过程中发生了什么？观测过程可以用薛定谔方程描述吗？这些问题称为"量子力学的测量问题"，有诸多诠释，但直到今天还没有一个令所有人信服的答案。

你或许会好奇：物理学为什么允许不同诠释长时间共存对峙？既然实践是检验真理的标准，那让不同理论对同一个现象做出预测，然后看哪个预测得最准确不就行了吗？其实，所有共存的诠释理论对于当时可以观测到的现象是没有歧义的，它们都认可薛定

---

① 即 $\Delta X_{误差}=0$，如果 $\Delta X_{自身}$ 足够大，那么 $\Delta P_{扰动}$ 就可以无限小。

谔方程所预言的观测结果。从这个意义上来看，它们都是"正确"的。它们的分歧在于观测背后发生的事，而从字面上就能理解，那些无法被观测的部分，当然是无法被实验验证的。于是测量问题似乎陷入了一个哲学争论。但是，随着量子理论和实验技术的发展，人们现在有能力观测原先无法观测的现象了（例如后面介绍的贝尔实验），未来还可能观测到更多新现象。对于这些新观测量，只要不同的理论能给出不同的预测结果，我们就能甄别和筛选。即使不同的理论无法给出不同的预测结果，它们背后的不同理念也会影响理论未来的走向，争论依然是有意义的。总之，物理学家对"怎么用"量子力学是没有歧义的，而在"怎么描述"和"怎么解释"量子力学上众说纷纭。

所有诠释中，最常出现在教科书上的是所谓"哥本哈根诠释"。丹麦的哥本哈根大学是量子力学的大本营之一，以玻尔为核心，云集了海森伯、玻恩、泡利、约尔旦等一大批量子力学先驱。尽管哥本哈根学派总体上奉行马赫主义，但是对于测量问题的诠释，哥本哈根学派内部有着相当大的分歧。比如，是否存在一个"量子世界"？测量行为和量子世界的关系是什么？量子力学已经完备了吗？事实上，"哥本哈根诠释"这个称呼是海森伯在 1955 年前后编造的，而他从未对此下过严格的定义。我们今天在教科书上看到的哥本哈根诠释，大体上是对哥本哈根学派的基本共识的整理，以及之后几十年的演化和完善。它的核心内容如下。

1. 一个粒子所处的状态被称为"量子态"，它由一个波函数表示。波函数本身包含量子态的**所有信息**。

2. 波函数遵循薛定谔方程，在时空中**连续**地演变。薛定谔方程满足**时间反演对称**。

3. 每个仪器只能测量一个特定的物理量。比如，测量位置的仪器无法测量动量，反之亦然。一个量子态与一个仪器交互后只能呈现该仪器所寻求的物理量。

4. 对一个特定的物理量而言，波函数蕴含着不同可能的结果，每一个结果以一定**概率**呈现给观测者。如果把每一个可能的测量结果看作一个"纯态"（数学上称为"本征态"），那么波函数就是所有本征态的叠加，叠加中使用的系数决定了观测到这个本征态的概率。本征态的选取与物理量密切相关，不同的物理量对应的本征态不同。同一个态，对一个物理量（比如位置）来说是本征态，对另一个物理量（比如动量）来说可能就是叠加态。

5. 当进行观测时，量子态会从一个叠加态**瞬间**变成该物理量对应的一个本征态，也就是这次观测得到的结果。如果立刻再做一次同样的测量，那么会 100% 得到同样的结果。这种从叠加态变成本征态的过程，称为"坍缩"。坍缩是没有过程的，即是瞬间发生的。

6. 坍缩过程会抹去对坍缩前叠加态的"记忆"。坍缩过程是**不可逆**的。一旦发生，就不会回到坍缩前的叠加态。坍缩过程违反时间反演对称。

7. 坍缩完全是由观测行为**引发**的。确切地说，它是观测仪器与量子态交互后，对后者产生的效果。除了处于量子态的观测对象，所有测量仪器都是由经典物理学描述的。

8. 有一些物理量彼此是不相容的，在数学上表现为非对易

（例如位置和动量）。直接测量时，不相容的两个物理量无法同时以 100% 的概率获得测量结果，两者观测误差的乘积存在理论下限——不确定关系。

9. 当量子数很大的时候，量子态呈现出和经典状态非常接近的性质——对应原则。

哥本哈根诠释之所以流行，是因为它一方面涵盖了实验能观测到的所有现象，另一方面对无法观测的部分没有做过多揣测。在这个意义上，它与其说是对测量问题的诠释，不如说是一种放弃诠释的立场。在"人们能观测到什么"和"自然究竟发生着什么"之间，哥本哈根诠释代表了主流物理学界倾向前者的务实态度。然而，并不是所有物理学家都安之若素："观测导致量子态坍缩"这个解释实在非常怪异，难以理解，每一次解释都会引发新的疑问。人们无法接受一个态不经任何过程，**瞬间**变成另一个态。迄今为止，我们所学过的所有物理理论都表达**连续**的变化过程，只要时间间隔足够短，状态的变化就可以忽略不计。事实上，在量子力学中，描述动力学过程的薛定谔方程和它的解——波函数——确实是时间和空间上连续的函数。这又带来了另一些疑问：为什么坍缩过程不是由薛定谔方程描述的？为什么存在两套互相独立的过程？为什么仪器由经典物理学描述？量子力学理应涵盖**所有**对象，包括仪器。观测过程归根结底是仪器和观测对象的交互过程，这个过程应该是动力学过程，即应该是符合薛定谔方程的。观测过程应当可以还原为薛定谔方程，这意味着它必须和后者一样满足时间反演对称，然而坍缩是不可逆的。于是，我们被迫人为地划出一条界线，规定哪些是"仪器"，哪些是"观测对象"。这条界线如何划分？举例来说，通过电流表观测电路中的电流，仪器究竟是电流表接入电路的导线、液晶屏上的数字、观测者的视网膜还是传递和处理视觉信号的大脑神经元？这决定了坍缩究竟发生在哪一个环节。如果我闭着眼睛打开电路开关，那么在我睁开眼睛之前，坍缩已经发生了吗？哥本哈根诠释先验地为观测者和观测对象划分了一条界线，却没有为界线在哪里提供**操作定义**。还有更基础的悖论：如果说经典的仪器是定义测量行为的前提，进而是定义量子力学的前提，但经典力学又试图统一于量子力学的图景下，这必然导致逻辑循环和图景割裂。

哥本哈根诠释的另一个危险倾向，是让意识参与到理论描述之中。该诠释所指的"观测"，显然是人的观测，并且是有意识地接受并处理观测结果的身体行为和精神行为。如果是一个动物去"看"，算是观测吗？坍缩会发生吗？如果不算，那么意识的边界在何处？尽管对于意识的认识还非常粗浅，但人们还没有放弃将它还原为物理过程的愿望。然而，粗暴地将意识作为一个他者来掌控量子态的坍缩，显然不是积极的做法。如果我们放弃观测者居高临下的主体性，将观测视作一切微观量子态和宏观物体（这种分割本身就是危险的）之间的交互，那么这种交互以及与之伴随的坍缩无时无刻不在发生，以至于薛定谔方程所描述的纯粹的量子态演化过程毫无容身之处。

量子力学带给人们的另一个巨大冲击，是概率以**世界运行本质**的形式被引入到物理理论中。的确，在经典物理学中，统计学和概率论是非常重要的工具。正如上册所介绍的，当人们无法或没有必要精确描述系统的所有细节（比如每个气体粒子的位置和动量）时，需要用一些高层次的概念（比如压强、体积、温度）来描述系统。连接高层次理论与基础理论的桥梁，就是统计学。概率，在这里表达一种**知识的欠缺**，或者一种主观信息筛选，而它背后的物理世界是**确定性**的。但是，量子力学打破了这个信条。它指出，随机性是物理世界的本质属性，它背后不存在尚未发现的、隐含的决定性因素。这里要再次强调的是，量子力学描述的**演化过程**是确定的，薛定谔方程决定了波函数在任意时刻的形态，这一点与经典力学的确定性无异。概率只是出现在观测过程中，即人们获得知识的过程中。

这是爱因斯坦难以接受的世界图景。尽管他本人是量子力学的先驱之一，也曾经精彩地用统计方法解释布朗运动，但他从不怀疑世界的底层遵循严格的因果逻辑。统计方法意味着对确定性的无知，而不是确定性的丧失。他相信，量子力学所呈现出的随机性和布朗运动呈现出的随机性如出一辙，其背后一定由人们尚未发现的确定性所支撑。

但是，这种近乎信仰的自然观无法成为爱因斯坦在科学上反对哥本哈根诠释的理由。在很多过于简化的讲述中，爱因斯坦被描绘成一个固执保守的旧秩序维护者，他一次次构造出思想实验来攻击不确定关系，但都被玻尔巧妙地化解。爱因斯坦和玻尔之争被缩略成两句针锋相对的隐喻。

爱因斯坦："上帝不掷骰子。"

玻尔："不要告诉上帝应该做什么。"

这实在是对爱因斯坦不公的指控。事实上，爱因斯坦从来不曾以决定论为依据反驳量子力学，也从来没有攻击过不确定关系。他对哥本哈根学派的主要反驳在于完备性和局域性的矛盾；而令人遗憾的是，在数次交锋中，玻尔始终认为爱因斯坦在攻击不确定关系，而答非所问地证明他的思想实验并不能驳倒后者。

爱因斯坦和玻尔的交锋集中在著名的索尔维会议 ① 上。在第五届会议上，爱因斯坦提出如下思想实验：设想从球心向球状表面射出一束电子，在球面可以观测电子位置。由于对称性，球面各处会均匀地捕捉到相同数量的电子——这既符合量子力学，也符合经典力学。现在我们降低电子密度，一次只射出一个电子。由于对称性，在电子抵达球面之前，它的波函数是均匀分布在球面上的；但是，一旦电子抵达球面，"观测位置"这一行为就会导致波函数立刻坍缩到某一个随机的点上。按玻尔和海森伯的主张，量子力学是完备的，即不存在比波函数更底层、可以决定电子位置的机制，那就意味着，在电子被观测到的那一瞬间，"电子在这个位置被观测到"这一事实，会立刻迫使球面其他位置的波函数变为零。爱因斯坦认为这是一种超距作用，并且它违反了狭义相对论赖以成立的局域性。

几年之后，爱因斯坦改进了思想实验，与物理学家鲍里斯·波多尔斯基（Boris Podolsky）和纳森·罗森（Nathan Rosen）于1935 年发表了 ② 题为《量子力学对于物理现实的表述是完备的吗？》的论文，即著名的 EPR 佯谬 ③。

① 索尔维会议是由比利时企业家埃内斯特·索尔维（Ernest Solvay）在布鲁塞尔资助举办的系列会议，每三年举办一次，探讨物理学和化学的前沿问题。
② 这篇论文其实是波多尔斯基在参与了三人的讨论后擅自撰写并发表的。爱因斯坦对文稿中的诸多表述颇为不满。
③ "佯谬"指"看似是悖论"。

EPR 佯谬的思想实验非常简单：设想两个粒子 A 和 B 迎头碰撞后反弹，通过仔细的设计，使得两个粒子相互远离时动量的大小相同、方向相反。这样，无论粒子处于量子态还是经典状态，由于对称性，它们在任何时刻离碰撞地点的距离总是相同的，动量的方向总是相反的。这样，当测量粒子 A 的位置或动量时，我们可以立刻推断出粒子 B 的位置或动量。尽管不确定关系导致我们无法同时精确测量 A 的位置和动量，但是只要经过的时间足够长，A 和 B 的距离足够远，由于局域性的限制，B 就不可能立刻知道观测者在测量 A 的什么量。换言之，B 必须同时拥有精确的位置信息和动量信息，来应对 A 受到的任何观测行为（即使我们不需要真的做出观测行为）。那么，量子力学对于 B 的描述（动量和位置不可能同时确定）就是不完备的。再次强调：爱因斯坦没有直接攻击不确定关系，他试图指出的是，完备性与局域性不可调和。爱因斯坦显然无法放弃局域性。因此，他称 A 和 B 之间违反局域性的关联为"鬼魅般的超距作用"。

EPR 论文发表后没多久，玻尔就发表了一篇论文作为回应。然而，一如他以往的行文风格，这篇论文富有见解却又晦涩难懂，无法令爱因斯坦满意。相比之下，和争辩双方的鼎鼎大名相比，物理学社区对这场争论的实质颇为冷淡。这反映了主流物理学界对量子力学的务实态度：理论能精确预测实验结果，这就够了。至于那些观测不到的事情，没有必要深究。

但 EPR 论文并非从此沉积在历史的故纸堆中，爱因斯坦对于量子力学完备性的质疑从未销声匿迹。1951 年，任教于普林斯顿大学的戴维·玻姆（David Bohm）出版了一本量子力学教科书，以谨慎的态度探讨了测量问题的哥本哈根诠释。这本书引起了同在普林斯顿大学的爱因斯坦的注意。在和爱因斯坦的一次面谈后，玻姆开始思考测量问题的另类诠释。一番"考古"后，他发现德布罗意早在 20 多年前提出的"导航波理论"可以作为决定性量子力学的蓝本。德布罗意在 1927 年的索尔维会议上提出的这个理论认为，粒子的运动轨迹是确定的并且也是隐藏的，同时一切观测结果都符合薛定谔方程的计算结果和海森伯的不确定关系。然而，他当时没能很好地回应泡利和汉斯·克喇末（Hans Kramers）提出的思想实验的质疑，很快放弃了这个模型。

20 多年后，玻姆为导航波理论赋予了更完整的解释，使其成为一个比哥本哈根诠释更完备的量子力学模型，被称为"德布罗意－玻姆模型"。除了满足薛定谔方程，导航波理论还有一个新方程：由波函数定义的速度场，决定粒子的速度 ①，即波函数为粒子"导航"。这个方程本质上是一个连续体守恒方程。大量粒子拥有确定的位置，它们在平衡态下的分布符合由波函数决定的概率分布——与玻恩对波函数的概率诠释等价。因此，量子态可以被还原为类似于统计力学的系统，不再具有基础层面的不确定性。

德布罗意－玻姆模型需要解释波函数在测量中的坍缩问题。玻姆指出，测量过程和"量子态"的演化过程在本质上并无二致，应该将仪器和观测对象视作遵循量子规律的整体，然后通过薛定谔方程考察其动力学过程。由于仪器本身的粒子体系过于庞大、复杂（于是行为上更接近于宏观物体），因此它在统计上会对观测对象的导航波产生不可逆的改变。如果我们聚焦观测对象这个子系统，那

① 一旦知道了粒子在此刻的速度，就可以计算出它在下一刻的位置。

么整个交互的动力学过程对它产生的效果和哥本哈根诠释下的波函数坍缩一致。这个思想已经呈现出"退相干理论"的雏形。玻姆还指出，尽管每个粒子的位置和动量 ① 都是确定的，我们却无法制备出一批同时具备特定初始位置和初始动量的粒子体系，从而规避海森伯的不确定关系。在这个意义上，德布罗意 – 玻姆模型的粒子体系并不能完全还原为经典粒子体系。

德布罗意 – 玻姆模型面临两个严峻的挑战。首先，新方程的表述非常复杂，而且高度非线性，研究起来相当困难。其次，粒子行为是非局域的，这是更严峻的挑战。对一个双粒子系统而言，波函数描述的是两个粒子共同的量子态，它同时影响两个粒子的速度。也就是说，无论两个粒子相隔多远，它们都会瞬时影响对方的位置，正如爱因斯坦的思想实验所指出的那样。

德布罗意 – 玻姆模型当然有许多含混不清甚至自相矛盾之处，这与其说是理论本身的致命缺陷，不如说是主流学界不认可另类诠释，因而没有花精力完善它。不论如何，它是一个更完备的决定性量子模型。而在此之前，不仅玻尔和海森伯声称量子力学已经完备，就连 20 世纪顶尖的数学家之一约翰·冯·诺依曼（John von Neumann）也声称自己在数学上证明了绝不可能存在对量子力学的决定性表述。德布罗意 – 玻姆模型——尽管它尚不完善，也没有被主流物理学家接受——对某些物理学家产生了深远的影响，其中包括北爱尔兰物理学家约翰·斯图尔特·贝尔（John Stewart Bell）。

---

① 和哥本哈根诠释不同，玻姆认为粒子的精确位置足以决定所有其他物理量，包括动量。哥本哈根诠释认为动量和位置是一组"共轭"的物理量，互相独立，地位相同。

贝尔在求学时就对哥本哈根诠释颇为不满，而玻姆的论文给予他极大的震撼和鼓舞，促使他思考哥本哈根诠释所回避的量子力学基础问题。但是，就像 EPR 论文所担忧的一样，贝尔试图理解：德布罗意－玻姆模型的非局域性是否无法避免？

玻姆曾对 EPR 思想实验提出一个变体，称为 EPRB 变体。针对 EPRB 思想实验，贝尔发现，对受到守恒条件约束的两个物体，局域性必然会导向"预决定性"，即物体的状态在测量之前就已经决定好了。此时，人们可以设计出一些组合物理量的测量方案，使得测量结果在统计上必须满足一个不等式，而量子力学是有可能打破这个不等式的。这就意味着 EPR 佯谬不再停留在思想实验层面，而是可以被实验所验证。贝尔在 1964 年构造了实验方案，并证明了著名的"贝尔不等式"。

在介绍贝尔的实验方案之前，我们回顾上册中的"电和磁"一章提到的物理概念：电子的"自旋"。自旋是仅存在于量子力学中的概念，在经典力学中没有对应的概念。德国物理学家奥托·施特恩（Otto Stern）和瓦尔特·格拉赫（Walther Gerlach）在 1921 年的实验（见图 3–5）中发现：粒子的磁矩呈现量子化的特征。当实验用的粒子是电子时，它的磁矩只有两种可能，如果检验用的磁场是上下方向的，电子磁矩测量结果就是向上单位磁矩或向下单位磁矩（不可能是半个单位磁矩或三分之一个单位磁矩）——对任意测量方向都是如此。注意，电子是基本粒子，它没有结构，没有更基本的粒子来形成轨道磁矩，所以这种磁矩只可能是电子的**内禀性质**，对应的二选一的自由度是其内禀自由度。由于磁矩通常由角动量形成，因此我们把电子的这种内禀性质称为"自旋"，仿佛是电子自己绕着自己旋转产生角动量，进而产生磁矩。
注意，"自旋"这个名字只是隐喻。电子既没有结构也没有体积，
不会产生经典意义上的"旋转"。

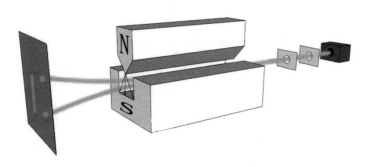

图 3-5　施特恩 - 格拉赫实验

（ 本图在 CC BY - SA 4.0 许可证下使用 ）

玻姆提出的 EPRB 变体中测量的就是电子自旋。设想我们通
过某个装置制备出两个电子，它们符合某种对称性，使得总的磁矩
必须为零。此时，将两个电子朝相反的方向射出。经过一段时间
后，两个电子相距较远的一段距离 ①。由于两个电子的总磁矩必须为
零，因此两个电子的自旋方向必须相反。如果检测 A 电子的自旋
方向，得到向上的结果，那么**立刻**检测 B 电子的自旋方向的话，会
以 100% 的概率得到向下的结果。如果旋转检测磁场的方向，测得
A 电子的自旋是向左的，那么检测 B 电子的自旋会以 100% 的概率

———————————————

① 　电子的波函数是连续分布在全空间中的，其位置是不确定的。"相距较远"是
　经典力学中的提法，在量子力学中不够严谨。但我们可以使得每个电子都以
　足够高的概率集中在某个区域，使得该电子在其他区域被观测到的概率几乎
　为零，并且这两个区域相距较远。

得到向右的结果。也就是说，通过检测 A 电子，会立刻得到关于 B 电子的性质。但是，如果我们分别用不同的磁场方向测量两个电子，比如用上下的磁场测量 A，用左右的磁场测量 B，或者用倾角为 30 度和 45 度的磁场分别测量 A 和 B，就会得到时而相同时而不同的结果。夹角越小，得到相反结果的概率越大；夹角为 90 度时，两者就没有关联了。我们可以在同样的环境下制备大量 A–B 电子对，来重复这些测量，得到统计相关性。在量子力学中，所有制备出的 A–B 混合量子态是完全相同的，它们只在被测量时才发生坍缩。而在局域隐变量理论中，每次制备出的 A–B 电子对都已经是不同的了，内部的隐变量决定了它们的性质，然后通过测量呈现出来。人们对隐变量的无知，导致制备出的电子对带有随机性。就像统计力学一样，这种随机性和确定性并不矛盾。贝尔指出，我们可以针对 A–B 电子对构造一个测量方案，在量子力学和局域隐变量理论中会分别得到不同的统计结果。他证明，在局域隐变量理论中，这个量的统计结果满足一个不等式，称为贝尔不等式，而在量子力学中不需要满足这个不等式。需要强调的是，隐变量理论不是贝尔不等式的出发点，局域性才是。隐变量和预决定论是局域性的推导结论。贝尔不等式的适用范围非常广，甚至不需要预设量子力学。

贝尔不等式使看似无法通过实验判断的争论成为可能。法国物理学家阿兰·阿斯佩（Alain Aspect）于 1982 年宣告[1]：实验结果违背了贝尔不等式。这意味着，两个电子无法预先决定各自的自旋方向，只能在一个电子被测量的瞬间立刻影响另一个电子的状态，而

---

[1]　这个版本的实验有一些漏洞。在后续的实验中，物理学家逐渐填补了这些漏洞，实验结果均违背了贝尔不等式。

这个影响过程必然破坏了局域性。

这是一个非常令人费解甚至惶恐的结论。应该如何理解这个结论？局域性被破坏了吗？超光速通信可以在量子力学中实现吗？

我们应该仔细甄别"超光速"的概念。在狭义相对论中，超光速会导致在某个参考系中结果发生在原因之前，违反因果律。但仔细思考 A-B 电子对自旋测量，发生的是：**知道** A 电子自旋向上，于是立刻**判断**遥远的 B 电子自旋向下；而不是：**强制** A 电子自旋向上，于是立刻**导致** B 电子自旋向下。因为我们无法通过测量控制 A 电子的自旋，也就无法传递特定的信息，所以两个事件不构成因果关系。换句话说，即使在某个参考系中，"观测到 B 电子自旋向下"事件发生在"观测到 A 电子自旋向上"事件之前，也没有什么矛盾。我们无法通过这种"超光速"来传递信息。在量子力学中有一条"不可通信定理"：对纠缠态中的子系统的观测行为，无法向另一个观测者传递信息。

在上述例子中，我们将 A、B 两个电子构成的整体称为"量子纠缠态"。量子纠缠态由多个粒子构成，粒子的性质互不独立，互相关联，必须用一个**整体**波函数来描述。无论关联的粒子在空间上距离多远，我们都不能把它们分开处理。既然量子纠缠态是一个整体，那么对任何一个子系统的观测，都会导致整个系统立刻发生坍缩。正如对 A 电子的观测使其坍缩到自旋向上的态，那么 B 电子会立刻坍缩到自旋向下的态，尽管观测行为没有直接针对 B 电子。

贝尔不等式的证明过程基于一系列先前被认为是理所当然的预设，而实验结果意味着我们必须放弃其中的一些。焦点就是局域性，放弃它意味着我们必须接受：量子系统的确存在超远距离的纠缠态——这是贝尔实验最颠覆人们的世界观之处。此外，量子纠缠是有实际用途的：它为量子通信技术和量子计算技术提供强有力的理论支持。

贝尔不等式还依赖一个假设：每次实验都只会产生单一的结果。如果放弃这个假设，局域性可以得到保留，而我们会被引向所谓"多世界诠释"；只不过，这个诠释在贝尔的工作之前就已经存在了。尽管这个诠释在历史上不如哥本哈根诠释那么流行，但它的奇思妙想给许多科幻作品以灵感。在介绍这个诠释之前，我们先介绍一个在量子力学中广为人知，以至于成为流行文化的思想实验：薛定谔的猫。

薛定谔的猫是薛定谔在 1935 年的论文《量子力学的现状》中提出的思想实验：在一个封闭的盒子里有一只猫，盒子里还有少量放射性物质，这些物质在一小时里有 50% 的概率会衰变。一旦发生衰变，盒子里的盖革计数器就会记录下衰变，并触发一把锤子下落砸碎一个装有氰化氢的烧瓶，有剧毒的氰化氢挥发后导致猫立刻死亡。

薛定谔提出这个思想实验，是为了指出哥本哈根诠释在宏观世界里会产生多么诡异的图景。根据哥本哈根诠释，在打开盒子观测猫的死活之前，盒子里的放射性物质处于 50% 衰变和 50% 没有衰变的叠加态。相应地，猫也处于 50% 死亡和 50% 活着的叠加态。这严重违背我们的直觉。如果猫已经死了，是否说明砸碎瓶子、释放出毒气并杀死猫的一系列行为都是在我们打开盒子并观察到结果的那一瞬间发生的？如果盒子里的猫早在我们打开盒子

之前就死了，那么量子态的坍缩就不是由观测触发的，那又是由
什么触发的呢？"观测导致坍缩"这一原则失效了吗？还有，我
们观察的是猫，并没有直接观察放射性物质衰变与否。这种观察
链的反推是如何进行的？难道宇宙中存在一个类似电影回放的机
制，让"猫是死还是活"的判断，回溯到"放射性物质衰变与否"
的反向逻辑？

　　这些质问都是对哥本哈根诠释的极端推演，其背后的核心矛盾
在于经典仪器和量子观测对象的二分，以及测量导致的坍缩过程与
薛定谔方程所描述的动力学过程的二分。20 世纪 50 年代，在普林
斯顿大学攻读博士学位的休·埃弗里特（Hugh Everett III）对哥本
哈根诠释和冯·诺依曼的数学证明非常不满。他在爱因斯坦的质疑
声和玻姆的另类诠释的鼓舞下，尝试寻找解决测量问题的新途径。
与玻姆不同的是，他在 1957 年提出的"多世界理论"并没有引入
新的元素，新诠释完全基于现存的数学表述。他认为，宇宙应该由
一个无所不包、完整的量子态表述，宇宙中发生的一切物理过程都
是这个量子态在薛定谔方程下的演化。这样一来，我们观测到的坍
缩行为就不可能发生在观测对象即这个"宇宙量子态"上，而只可
能发生在作为观测者的人身上。宇宙没有发生坍缩，而是发生了分
岔。以薛定谔的猫为例，埃弗里特认为，在打开盒子的一刹那，世
界分裂成两个世界（见图 3-6），在其中一个世界里，衰变发生了，
猫死了，人观察到猫死了；在另一个世界里，衰变没有发生，猫还
活着，人观察到猫活着。两个世界是**平行**的，互相无法沟通，没有
信息传递。在任何一个世界看来，仿佛世界从一个混合态立刻坍缩
成一个纯态。

图 3-6　多世界诠释

多世界诠释避免了坍缩导致的一系列问题，也避免了复杂、非局域的导航波。但它的代价是引入了无数个平行世界。在许多物理学家看来，物理学不仅要解释和预测可以观测到的现象，同时应当避免对无法观测到的现象做过多揣测。他们认为这种做法是"不经济"①的，甚至是"不科学"的——而无法被此世界观测到的其他平行世界显然属于这种需要警惕的理论元素。更奇特的是，如果分岔是由（人的）观测行为触发的，那么人每次感知世界，世界就分岔一次，世界上这么多人时时刻刻感知着世界，世界持续、频繁地发生分岔；与之相比，在人类出现之前的漫长宇宙历史中，世界难道

————————

① 这种观点基于一种筛选理论的"奥卡姆剃刀原则"：如无必要，勿增实体。"其他世界"就是新增的实体。但也有另一派观点认为，虽然多世界诠释增加了许多世界，但这些世界遵循统一的物理理论，在理论层面不算新的实体；相比之下，多世界诠释避免了测量坍缩假设，让量子理论更精简统一，其实是更符合奥卡姆剃刀原则的理论。

从未发生过分岔？

对此，多世界诠释接纳了由德国物理学家 H. 迪特尔·策（H. Dieter Zeh）于 1970 年提出的退相干理论，削弱观测者的意识参与，并且为观测过程究竟发生了什么提供了线索。"相干性"是波的特性，指的是波的不同成分在时间和空间上保持稳定一致的频率和相位差，从而产生波特有的现象，例如干涉、衍射。上册介绍的激光就是一种相干性很好的光源。我们之前讨论的粒子波函数通常符合这个性质。但是，一个人步履稳健地走路不难，让一支队伍步调一致地整齐前进就需要大量的训练与协调。当很多粒子聚合在一起时，它们的频率和相位信息会伴随复杂的相互作用而混杂、融合、互相抵消，导致整体上失去相干性。此时，系统整体就很难呈现出波动现象，这种情形称为**退相干**。这可以解释为什么我们在宏观世界中只能看到物质的粒子性，而看不到波动性。

H. 迪特尔·策认为，观测过程其实就是将相干性良好的量子态暴露在环境（包含仪器）中，导致其迅速退相干的过程。在观测行为发生之前，被观测者——例如电子——处于自旋向上和自旋向下的叠加态，两个成分具有良好的相干性；而仪器尚未与之交互，处于无知状态。一旦观测行为发生，自旋向上的那部分波函数就会与仪器交互，让仪器呈现"自旋向上"的测量结果；自旋向下的那部分波函数同理。于是，仪器也处于两个态叠加的状态。但和电子不同的是，构成仪器的粒子太多，各个粒子的相位信息互相抵消，于是从整体上看，"测得自旋向上的仪器"和"测得自旋向下的仪器"是不相干的。与仪器交互后，电子不再处于独立的态，它和仪器一起形成一个整体纠缠态，而不同自旋的相位关系也随之消弭于仪器之中，只剩下单纯的概率。

　　即便如此，观测者依然只可能观测到单一的结果，而不会观测到 50% 自旋向上和 50% 自旋向下的混合结果。退相干理论本身没有为"观测导致坍缩"提供诠释。多世界诠释接纳了退相干机制，认为人作为仪器的延伸，和电子一起形成纠缠态。但是，人的意识无法处理混合的测量结果，于是，以人的意识为参照，世界发生了分岔，人以 50% 的概率分别进入"观测到电子自旋向上"和"观测到电子自旋向下"这两个分支。换个角度来说，如果忽略人类意识的局限性，那么世界依然可以被看作处于一个叠加纠缠态，只不过是退相干的。

　　退相干理论提供了一条思路，让哥本哈根诠释中难以理解的测量行为成为一个动力学问题，或许可以成为继贝尔实验后辨别不同诠释理论的试金石。退相干理论也为构造大尺度、多粒子量子体系提供了理论基础，比如在量子计算中，如何让量子比特保持良好的相干性，以及如何在无法避免退相干时通过纠错算法修正误差。这些都是量子计算这项前沿技术目前面临的挑战。

　　量子力学的介绍告一段落，但它的旅程远未结束。量子力学诞生于黑体辐射这朵"乌云"，普朗克提出新的理论，经典理论作为它在宏观尺度上的近似，或称为"有效理论"。量子力学发展至今，也遇到了类似于"紫外灾难"的困境。物理学家相信，在能量更高的领域，存在新的理论，量子力学是它在低能阶段的有效理论。此外，物理学家也相信，引力与量子理论的融合，可以在高能理论中找到线索。我在博士阶段研究的弦理论就是当今比较主流的高能理论。在第 4 章中，我将展开介绍一些进阶的量子理论，包括量子场论、规范场论，以及在框架上统一了除引力以外的基本作用力和基本粒子的标准模型。

量子力学的影响是天翻地覆的。它不仅改变了人们对世界的看法，也改变了人们对物理学的看法。我们会在第 7 章中详细探讨这一点。此外，量子力学也给物理学的基础语言和数学工具带来了深刻的变革。上册中的"电和磁"一章提到，从麦克斯韦理论开始，"场"和"波"打破了粒子叙述霸权，成为物理理论的另一种基础语言。发现波粒二象性后，人们用量子力学将两者结合了起来，无论是经典的基本粒子还是经典的电磁波，都在量子力学（确切地说是量子场论）中的一个更宏大的框架下由同一种语言叙述。同时，数学工具从传统的微积分与几何转向了代数与拓扑。物理学家对于世界的理解，从直观、朴素的物理直觉，转向了晦涩、抽象的数学结构。世界一方面呈现出与人类理性的高度共振，另一方面顽固地拒绝着理性的直观把握。

规范场论与标准模型

上册中的"粒子宇宙图景"一章提到，物理学的"实体本位"观念经历了两次变革，即从"粒子本位"转变为"场本位"，再进一步转变为"对称本位"。我们在上册中的"电和磁"一章中讨论过第一次转变，但这个过程远远没有结束。在量子力学的发展过程中，特别是在量子场论中，"场"获得了更深层的含义。同时，在20世纪，伴随着大量基本粒子被发现，建立于量子规范场论的标准模型成为物理学的基本框架之一，"对称"的重要性逐渐凸显，成为物理学的基础语言。本章将延续第3章的内容，介绍量子力学在20世纪20年代后的发展。希望你在阅读本章时，思考"对称"对于物理学究竟意味着什么。

第1章提到，"真空中光速不变"这条原则要求物理理论符合惯性协变性。这在数学上表现为：描述物体运动的公式必须符合洛伦兹对称性，同时有意义的物理量必须是洛伦兹群的一个"表示"。通俗地说，当物理理论必须遵守某种时空对称性时，物理量也必须定义在这种对称性之上，而不是任意数字的组合都可以天然地构成有意义的物理量。当对称性是空间旋转对称性时，物理量必须是标量（比如能量）、矢量（比如速度、动量）或高阶张量（比如材料力学中的弹性张量）。当对称性是洛伦兹对称性时，物理量必须是标量（比如固有时）、四矢量（比如能量和动量构成的四矢量）或四维高阶张量。麦克斯韦的电磁理论可以写成电势 - 磁矢势构成的四矢量，以及电磁场二阶张量，因此电磁理论天然地符合狭义相对论，光速作为一个标量在洛伦兹变换下自然保持不变。

如果一个理论不符合狭义相对论，我们就要改造它。薛定谔方程就是一例。我们需要找到一个新的方程，它满足惯性协变性，并且薛定谔方程是这个新方程在低速环境下的近似。这个方程称为克莱因 - 高登方程。事实上薛定谔早在发表非相对论性的薛定谔方程之前就已经提出了这个方程，但他发现这个方程有诸多问题（比如无法描述电子的自旋、无法确保粒子数守恒、计算出的氢原子光谱与实验结果有出入等），于是就放弃了它。

克莱因 - 高登方程有一个致命的缺陷：它只能描述自旋为 0 的粒子，即洛伦兹群里的标量。这意味着，它无法描述光子，因为电磁波是洛伦兹群里的矢量；它也无法描述电子，因为电子拥有自旋属性，这意味着它不是标量。于是，人们必须基于洛伦兹群，构造适用于非标量的相对论性量子力学方程。

刚才提到，有意义的物理量必须是洛伦兹群的一个"表示"。"表示"（representation）是群论中非常抽象但基本的概念。上册中的"对称"一章提到，我们说一个物理理论具有某种对称性，不是说它所描述的物理量都符合这种对称性，而是说当整个系统经历某个对称操作（比如旋转）后，尽管物理量本身变了，但整个理论依然成立。在这里，"表示"指某次对称操作对这个物理量所产生的变化。想象一个三阶魔方，它由不同颜色的六面构成，每一面有 9 块同色方片。当我们沿着任意一面旋转 90 度时，就构成了一次"旋转魔方"的操作。三阶魔方大约有四千三百亿亿种形态，每次旋转就将一种形态变换至另一种形态。假如我们手里没有魔方，但有一本无比庞大的规则书，它描述了每一种形态经历每一种旋转后会变成哪种形态，那么我们就可以获得关于"旋转魔方"的所有知识。这本规则书就是"旋转魔方"操作在三阶魔方下的"表示"。现在我们将魔方的所有表面都涂成黑色，那么无论我们怎么旋转魔方，它的形态都不会变——永远都是全黑。于是，这本规则书变得异常简单，它里面只印了两个字："不变"。可见，对称操作的表示和操作对象密切相关，它是由对称群和操作对象共同决定的。在物理学中，我们常常用表示来代表物理量本身。

洛伦兹群的表示比较复杂。除了我们已经提到的标量和四矢量，它还有一个介于两者之间的表示，称为"外尔旋量"。外尔旋量有两个分量，对应电子自旋的两个值。此外，洛伦兹群大致上可以看成是两个 SU(2) 群的乘积，这意味着完整的旋量可以被拆分成互不干扰的两个子空间 ①。由于洛伦兹变换在这两个子空间上恰好表现为互为空间反射变化，因此每个子空间对应的旋量分别被称为"左手外尔旋量"和"右手外尔旋量"。对于有质量的自旋粒子（如电子），两个旋量一定是成对出现的，理论必须满足宇称守恒（符合空间反射对称）；但对零质量自旋粒子（如即将提到的中微子），左手外尔旋量和右手外尔旋量是可以独立存在的。

由于对称性和量纲（第 5 章会介绍这个概念）的严格要求，一旦表示确定下来，运动方程大体上就可以确定下来。得到电子的表示后，下一步是寻找描述电子运动的方程。这个方程就是狄拉克于1928 年提出的狄拉克方程 ②。可见，电子的自旋看似来自实验室中的意外观测，但它背后与时空对称性有着深刻的联系。这种联系在后文中将反复出现。

狄拉克方程的解（简称为"狄拉克场"）有许多非同寻常的奇

---

① 因此，旋量有时被称为"矢量的平方根"。

② 严格来说，狄拉克方程所用的是"狄拉克旋量"，是由左手外尔旋量和右手外尔旋量组合而成、满足宇称守恒的旋量。

特性质，其中最重要的一项预言就是反粒子。狄拉克场总是成对出现，一个具有正能量，另一个具有负能量。但是具有负能量的粒子是无法想象的，在数学上会产生很多灾难性的后果。为了避免这个缺陷，狄拉克提出"负能量海"（也称为"狄拉克海"）模型：真空并非一无所有，而是充斥着具有负能量的粒子。以电子为例，当负能量海中的一个电子获得足够的能量，跃迁成为正能量电子时，负能量海就会出现一个空穴，如同海水中的气泡一样。这个空穴本身一无所有，但在负能量海的背景下呈现出正能量，也呈现出与电子相反的电荷，即正电荷。因此，狄拉克预言：当真空被激发后，会产生一个正能量电子和一个正能量空穴，这个空穴除了电荷为正外，其他性质和电子完全一样。他称这个空穴为反粒子，也称为"正电子"。我国物理学家赵忠尧于 1930 年首次捕捉到正电子，而美国物理学家卡尔·戴维·安德森（Carl David Anderson）在此基础上于 1932 年探测到了正电子，宣告了狄拉克方程的胜利。

　　但是"负能量海"模型有很多严重的缺陷，其中最匪夷所思的是，如果我们要求真空中可以激发出无穷多正能量电子，那么它就必须事先包含无穷多负能量电子。这个缺陷背后的核心问题是，用传统量子力学中的对易关系（比如第 3 章提到的位置 – 动量对易子）来量子化狄拉克场是行不通的。解决方案是用反对易关系（将对易子中的减号换为加号）来量子化狄拉克场，使得反粒子在形式上获得和粒子同样的地位，不再需要累赘的"负能量海"设定。而且，这个设定天然地符合泡利不相容原理，其物理含义是，在同一个时空中，同样量子态的同种粒子只能有一个存在。这就是"费米子"的含义；与之相对，"玻色子"不需要符合泡利不相容原理。

毫无疑问，电子符合费米子的要求——我们无法想象两个电子同时存在于同一处；相反，我们可以想象两束光照射在同一片区域，因为光子是玻色子。在往后的理论发展中，人们愈加相信反粒子是比负能量海合理得多的模型。

以上量子化狄拉克场的过程被称为"正则量子化"，标志着量子场论的诞生。量子场论和传统量子力学有一个本质区别：不讨论固定数量的粒子的行为，而讨论粒子如何产生和消失。这种思维转变为之后几十年亚原子物理的发展奠定了基础。人们发现，亚原子的反应过程和化学反应不同，它并不总是遵守类似"原子守恒"这样的规定。在负 β 衰变中，中子会转化为质子；相反，在正 β 衰变中，质子会转化为中子。因此，粒子宇宙图景中所谓"中子包含了质子"或"质子包含了中子"等说法并不总是有效的。我们不能假定基本粒子的数量是守恒的，只是粒子在时空中迁移。在量子场论的图景下，正反粒子对既可以在能量的激发下凭空产生，也可以消失并转化为能量。比粒子更根本的，是产生和消灭粒子的场。相比传统量子力学，这更深刻地体现了"粒子实体"向"场实体"的转变。

如果你认为这个观点太过惊世骇俗，不妨借助光子来理解。在量子场论中，光子是被正则量子化的电磁场。和电子不同，光子是玻色子。它不带电，它的反粒子就是它自己。如果我们消耗能量并激发电磁振荡，电磁波就会在真空中产生并传播；而光也会通过光电效应等机制转换为其他形式的能量。光子的数量显然是不守恒的。量子场论用统一的框架描述玻色子和费米子。尽管粒子和力的性质大为不同，但它们在量子场论中拥有相同的地位。

目前我们所探讨的仅限于自由粒子，包括自由传播的带电粒子和光子。而我们真正需要量子场论解决的问题，是粒子之间的相互作用。在经典力学和传统量子力学中，带电粒子受到的力是由它所处的电磁场决定的。但在量子场论中，电磁场本身由光子描述，拥有和带电粒子一样的地位。两个带电粒子之间的电磁作用力表现为两个带电粒子（费米子）和一个光子（玻色子）三者的相互作用。在经典力学的语境下，玻色子扮演着力的传播者的角色。

然而，将相互作用纳入量子场论的过程中，物理学家遇到了非常棘手的"发散困难"，也因此对相互作用有了更深刻的认识。

研究相互作用的量子场论分为两步：第一步是寻找相互作用方程，第二步是解出这个方程。在经典力学中可以类比为：找到万有引力公式，算出行星轨道。在量子场论中，粒子之间的相互作用以代表粒子的费米场和代表力的玻色场的乘积来表达，乘积项的系数代表作用力的强度，称为"耦合参量"（coupling parameter）。尽管洛伦兹对称性对相互作用力的可能形式有相当严格的限制，但我们仍然可以构造出无数种组合。此时，我们退后一步，反思我们究竟需要什么样的相互作用理论，我们可以做出哪些"牺牲"，来换取理论的可行性和便利。

我们回顾一下经典力学和相对论以及量子力学的关系。尽管在当代物理学的框架下，经典力学是"错的"，但它在宏观、低速的环境下依然是相当准确的理论。因此，以一种实用主义的观点来看，经典力学并没有"错"，它只是相对论和量子力学在宏观、低速环境下的近似，或称"有效理论"（effective theory）。换句话说，经典力学错在没有为理论的适用范围设定一个限度，而是无限外推到所有速度范围和尺度范围。事实上，一切物理理论都必须且只能是有效理论，其有效范围由当下的观测能力决定；然而我们常常不自知地将其拓展到所有场景，直到碰壁时才意识到这一点。如果我们在构造理论时就事先限定它的有效范围，那么不仅不会降低理论的效力，反而可能会对理论形式产生约束，缩小我们构造理论时的搜索范围。

在量子场论中，这种有效范围是"能量截断"（energy cutoff）。也就是说，我们所描述的理论只在某个能量尺度以下有效，不适用于能量过高的场景。至于这个截断的数值具体是多少，我们目前并不关心，未来可以在实验中获得线索。我们只需要事先规定一个截断值，以它为基准，就可以过滤很多在低能场景中效果可以忽略不计的相互作用形式。事实上，一旦确立了能量截断，之前描述的标量、旋量和矢量的相互作用形式就几乎是唯一确定的，其他组合会被能量截断压制。

方程确定之后，下一步是解方程。在量子场论中，由于其粒子数不定的特点，我们必须考虑一切可能的粒子产生－湮灭过程（我们称这些在相互作用过程中短暂出现的粒子为"虚粒子"）。通常来说，我们期望涉及粒子数越少的过程对于计算结果的影响越大，而涉及粒子产生－湮灭过程越多的复杂过程，它们的影响随着虚粒子数的增加而逐级削弱。当我们将所有过程按其影响程度累积时，其总和逐渐接近真实值——这种处理方法称为"微扰"（perturbation）①。然而遗憾的是，人们发现，一旦允许任意能级

---

① 需要注意的是，并不是计算的阶数越高，获得的结果越接近真实值。在某个给定的耦合参量下，存在一个渐进展开的阶数界限，只有在这个阶数以下的微扰近似是可靠的。不过高阶数的计算非常复杂，超出了人们的计算能力，通常也就不用担心这个危险了。

的虚粒子出现，高阶贡献就会变得无穷大，即著名的"紫外发散"问题①。

事实上，紫外发散问题恰恰是对于能量截断的实施不彻底造成的。紫外发散来源于无穷高能级的虚粒子和低能级粒子的相互作用。在能量截断的前提下，我们应该禁止截断能级以上的虚粒子出现。如果我们在计算过程中人为引入一些修正项，使得截断能级以上的虚粒子被压制，计算结果就是有限的②。不过，计算结果依赖于截断能级：截断能级越高，计算结果越大。这仍然是非常糟糕的结果，因为我们不仅期待高阶计算结果是微小的，而且必须是与截断能级无关的。也就是说，我们所追求的有效理论在低能级的表现，其行为模式应当与该理论在截断能级附近的行为模式脱耦。为了解决这两个问题，我们需要为紫外发散问题提供一个更系统的解决方案。

值得一提的是，即使在经典理论中，紫外发散问题同样存在。以电子自能为例，我们知道电荷周围产生的静电场强度和距离成平方反比，而电子作为点粒子是没有尺寸的，这就使得电子附近的电场强度无穷大，而电子本身的静电场能量也无穷大。为了让计算结果收敛，我们必须规定一个非零的计算半径，忽略此半径以内的电场。在量子力学中，能级尺度和空间尺度成反比，因此对于小半径的截断相当于对高能级的截断。经典电磁学中的半径截断和量子场论中的能量截断本质上是一回事。我们对世界的认知有一个能量上限，这意味着我们对世界的观测有一个分辨率上限。

---

① 紫色在可见光里位于高频段，因此"紫外"代表高能级粒子。

② 这个过程称为"正规化"（regularization）。

回到量子场论。我们通过计算发现，即使我们在方程中定义了电子质量、电量（电磁力的耦合参量）等物理量，在实验中测得的这些物理量也是经过高阶过程修正后的综合结果。这意味着，我们不能将实验测量值直接代入方程中的原始质量和电量（我们称之为"裸质量"和"裸电量"），而应当通过计算消除高阶影响，反推出裸值。然而，紫外发散的幽灵浮现，质量和电量在高阶修正下的计算结果都是发散的——这显然与实验观测不符，除非裸值为负无穷。这让我们思考："裸质量"和"裸电量"是不是可观测量？如果它们的存在会导致紫外发散，那么我们是否应当将它们替换成实验中可以测到的物理量，并改写方程的形式？

这就是量子场论对紫外发散问题提出的系统解决方案，即"重正化"（renormalization）[1]方案。我们将量子场论方程改写成基于可观测质量和电量的形式，并在此基础上做微扰展开。当我们计算其他物理量（如电子磁矩）的高阶修正值时，其结果都是可观测物理量的函数，因而都是有限的。此时我们可以将计算结果与实验结果对比，从而验证重正化方案不仅可行，而且准确。

基于质量和电量的重正化方案不是唯一的解决方案。人们提出很多数学技巧将紫外发散吸纳到量子场论方程中的物理量定义中。有趣的是，无论使用哪种方案，只要它不违背对称性（包括洛伦兹对称性和后文将提到的规范对称性），计算出的物理量都是一样的，而且结果不依赖于能量截断。这是非常令人信服的性质。不过，并非所有量子场论都可以被重正化。一个理论可重正化，对理论中的耦合参量的量纲有严格要求。之前提到，能量截断会滤去很多相互

---

[1] 注意，虽然它和"正规化"相关，却是完全不同的概念。

作用形式，这些被滤去的项对应的耦合参量恰恰违背了可重正化的要求——这进一步佐证，可重正化方案是符合有效理论的原则的。在洛伦兹群的表示中，只有自旋为 0（标量）、1/2（旋量）、1（矢量）对应的量子场论是可重正化的。如果将广义相对论中的时空度规视作自旋为 2 的洛伦兹群表示，那么它是无法重正化的。这是引力难以纳入量子理论体系的原因之一。

1947 年 6 月，美国顶尖的量子物理学家齐聚纽约的谢尔特岛，召开名为"量子物理的基础"的研讨会。会上汇报了两个用传统量子力学无法解释的实验现象：一是氢原子第一激发态的微小能量间隔，称为"兰姆移位"（Lamb shift）；二是与狄拉克的预言有微小误差的电子磁矩，称为"电子反常磁矩"。会后，美国物理学家朱利安·施温格（Julian Schwinger）利用重正化方案，经过异常繁复的计算，得到了与实验结果极为接近的结果。这个结果宣告了重正化方案的成功，也宣告了量子电动力学（描述电磁力的量子场论）的完善。

伴随着量子场论的建立，20 世纪的另一个主题是大量新粒子的发现，以及"标准模型"（standard model）的建立。对于这段复杂历史的完整梳理超出了本书的范畴，我只能笼统地描绘其脉络。感兴趣的读者可以根据关键词按图索骥地深入探究。

原子核由不带电的中子和带正电的质子构成，它们能绑定在一起显然不是电磁力的效果，而是受另一种作用力的影响，姑且称之为"核力"。除此之外，从 19 世纪末到 20 世纪初，人们发现放射性元素的衰变伴随三种射线，分别称为 α（希腊字母，读作 /'ælfə/）射线、β（希腊字母，读作 /'beɪtə/）射线和 γ（希腊字母，

读作 /ˈgæmə/ ）射线，它们分别是氦核、电子和电磁波。但是，β
射线不同于另外两者，它不仅不符合能量和动量守恒，还拥有连续
的能量谱。奥地利物理学家泡利 ① 在 1930 年指出，β 衰变现象不符
合能量和动量守恒的原因在于，β 衰变不仅释放出电子，还释放出
了一种新的粒子。他最初称这种粒子为"中子"（neutron），但在
1932 年，英国物理学家詹姆斯·查德威克（James Chadwick）在
实验中发现了一种较重的电中性粒子（也就是我们今天所熟知的
中子），他也使用了"中子"这个名字。于是，意大利物理学家恩
里科·费米（Enrico Fermi）建议将泡利假说中的粒子改名为"中
微子"（neutrino）。泡利在 1933 年采纳了改名建议。中微子和电子
一起可以保持衰变过程的能量和动量守恒。由于中微子不带电，且
质量很小，因此很难在实验中被直接观测到。中微子不带电意味着
它无法用已有的电磁理论来描述，而且 β 衰变似乎与核子的吸引无
关——这预示着存在另一种未知的作用力。在 1933～1934 年，费
米将 β 衰变简化为一个中子衰变为质子、电子、（反）中微子的过
程，以此提出用一个新的量子场论——"四费米子理论"（four-
fermion theory，简称"费米理论"）——来描述这种新的相互作用。
在今天看来，费米理论是一个近似理论，它混合了描述 β 衰变的弱
相互作用，以及中子和质子之间的强相互作用，因此无法成为一个
基础理论。而且，它无法解释人们在 20 世纪 50 年代发现的弱相互
作用下的宇称不守恒现象。更致命的是，它是不可重正化的。

　　亚原子物理发展的复杂性在于，大量现象背后掺杂着弱力和强
力的综合效果，而在缺乏理论框架的情况下，人们很难辨析究竟是

---

① 就是提出"泡利不相容原理"的那位。

哪种力在起作用，以及是否应当用不同的模型描述两种力。作为一个尚可被接受的唯象学理论①，费米理论带着人们的困惑延续了 20 多年。一个独立的弱相互作用理论，伴随着人们对于强相互作用理解的明晰，在 20 世纪五六十年代逐步成型。

我们把视野投向强相互作用。日本物理学家汤川秀树指出，支配 β 衰变的力非常弱，无法解释绑定中子和质子的核力，因此我们需要一个新的模型来描述核力。他在 1935 年提出一个量子场论模型，用一个标量场来传递核力。同时，他（错误地）认为这个标量场也可以以不同的耦合参量来传递弱力，从而实现强力和弱力的统一。他称这个标量场为 "介子"（meson），意指其质量介于电子和核子之间。现在，我们将该介子称为 "π 介子"（π，希腊字母，读作 /ˈpaɪ/），它在 1947 年被观测到。在今天看来，汤川理论依然是一个唯象学理论而非最基本的强相互作用理论，因为核子和介子都由更基本的粒子——夸克——构成；但它是引出夸克理论的关键一步。从 20 世纪 50 年代开始，随着大型加速器的建造和使用，大量高能但短寿的新粒子层出不穷，其数量多到让人们难以相信它们都是 "基本粒子"，而更有可能是由更基本的粒子构成的。人们收集并整理了大量粒子反应数据，发现一些 "禁闭现象"（有些反应是不可能发生的），从而找到了反应所遵循的一个守恒量，称为 "奇异数"②（strangeness）。人们很自然地联想到，奇异数守恒一定与电荷守恒一样，由符合某种对称性的基本作用力支配着③，费米理论

---

① phenomenology theory，面向实验现象而非第一性原理，可以较好地解释和预测实验数据，但未必和其他基础理论相容。

② 严格来说，奇异数只在强力下守恒，在弱力下不守恒。

③ 回顾上册中的 "动量、角动量、对称与守恒" 一章提到的诺特定理。

和汤川理论是它的近似理论。很自然地，人们开始将目光投向粒子的对称关系。上册中的"对称"一章提到的质子和中子的同位旋对称，是 SU(2) 对称群的一种表示（双重态）；而三种 π 介子（分别带正电、负电和不带电）则构成 SU(2) 对称群的另一种表示（三重态）。严格来说，后者是两个 SU(2) 对称群乘积的表示，而这种乘积关系意味着 π 介子不是以基本粒子的形态出现的，它是两个更基本的粒子的组合，这些"更基本的粒子"构成 SU(2) 对称群最简单的表示（双重态）。但是，当更多的粒子参与到反应过程中时，特别是当我们将奇异数纳入考量时，SU(2) 对称群已经不够用了。人们将 SU(2) 对称群拓展至一个更大的群——SU(3) 对称群。新粒子是两个或三个 SU(3) 对称群乘积的表示，即两个或三个更基本的粒子的组合。需要注意的是，这里提到的 SU(2) 对称群和 SU(3) 对称群都是粒子的**内禀**对称群，和时空变换无关，因此也和洛伦兹群下的旋量表示无关。

挖掘对称性的重要意义非比寻常。它不仅像元素周期表那样预示着究竟存在哪些尚未发现的粒子，以及粒子反应所遵循的守恒量，它在量子场论中甚至可以决定相互作用力的形式。这里必须提到杨振宁和他的同事罗伯特·米尔斯（Robert Mills）在 1954 年发表的划时代的"非阿贝尔规范场论"（也称为"杨 - 米尔斯理论"）。这个理论和相对论一样，以极为精简的对称性原则为出发点，推导出遵循普遍的内禀对称性的量子场论所必须满足的形式。杨 - 米尔斯理论不仅决定了标准模型的基础框架，在我看来，还宣告了从"场实体"转向"对称实体"。对称性和群表示成为比量子场本身更重要、更基本的概念。

需要指出的是，规范场论并非由杨 - 米尔斯理论原创。"规范对称"的概念在麦克斯韦的经典电磁理论中就已被提出。随着量子力学的兴起，德国数学家和物理学家赫尔曼·外尔（Hermann Weyl）、苏联物理学家弗拉基米尔·福克（Vladimir Fock）和德国物理学家弗里茨·伦敦（Fritz London）将电磁力的规范对称视为电子波函数的局域复角对称。波函数是复函数，真正决定观测结果的是波函数在某个时空点的绝对值，与复角无关。这意味着，如果将整个时空的波函数乘以一个绝对值为 1 的复数，那么观测结果不会受到影响——这意味着理论具有**全局**复角对称性。如果我们更进一步，让每个时空点的波函数乘以不一样的复数，那么我们应当依然无法观测到差别。但是，由于量子力学方程中含有时空的导数，因此随时空变化的复数会改变方程的形式，从而破坏对称性。为了抵消这些影响，我们需要重新定义"导数"，引入一个矢量场，吸纳对于复角的导数。这个新的导数称为"协变导数"（covariant derivative），广义相对论也采用了类似的做法。经过一系列形式化操作后，人们发现，最终符合**局域**复角对称的方程，恰好是经典电磁场下的量子力学方程[①]；随时空变化的复角函数构成了局域规范对称的自由度；而那个引入的矢量场刚好是电磁矢势。这种惊人的呼应告诉我们，即使我们不知道麦克斯韦方程组，只要为量子力学引入局域复角对称性（数学上称为 U(1) 对称性），就可以几乎唯一地推导出电磁力方程。这种由对称性引发的"确定性的涟漪"彰显了一种理性的美，这种美带来的震撼和广义相对论从等效原则到爱因斯坦场方程的旅途所带来的震撼是一致的，两者在推导方法上甚至高度相似。

---

① 注意，当时还没有量子电动力学。当然，该结论也适用于量子电动力学。

　　杨－米尔斯理论拓展了这个理论。杨振宁和米尔斯提出这样一个问题：如果粒子必须遵循比 U(1) 对称性更复杂的内禀对称性，那么局域规范对称会导出什么样的相互作用形式？更进一步地说，如果我们已经发现了某种**全局**内禀对称性，那么将它**局域化**后，能否唯一地得到这种内禀对称性对应的相互作用形式？杨振宁和米尔斯在论文里讨论了质子和中子的同位旋对称群，即 SU(2) 对称群，希望得到描述强力的理论。原则上，这个方法可以从 U(1) 对称群拓展到任意李群①，得到普适的局域规范场论。在群论中，不满足交换律②的群称为"非阿贝尔群"③。正是通过这类群，我们可以得出非常有趣而深刻的结论。

　　仔细品味这个理论的深刻意义：对称性不仅决定了物理实体的存在形式，还决定了物理实体之间的相互作用形式。

　　但在当时，杨－米尔斯理论有一个致命缺点：按照此理论，传播力的玻色子必须是没有质量的。然而，除了光子，当时人们并未发现任何无质量的玻色子。因此，杨－米尔斯理论被搁置数年，直到 1960 年，人们迎来了下一个思想上和理论上的突破：自发对称性破缺。

　　我们暂时忽略玻色子的质量问题，快进到 20 世纪 70 年代，看看建立于杨－米尔斯理论之上的标准模型是怎样描述强力和弱力的。

---

① 可以理解成连续操作的群，如旋转、平移等。

② "不满足交换律"的意思是，如果有两个群操作 A 和 B，先操作 A 后再操作 B，其结果不同于先操作 B 后再操作 A。

③ 因此杨－米尔斯理论又称为"非阿贝尔规范场论"。

从对称性的角度来看，标准模型由三个规范对称群组成，分别是 U(1)、SU(2) 和 SU(3)。它们大致对应三种基本作用力：电磁力、弱力、强力 ①。标准模型里的费米子有三代，因为它们的相互作用方程相同，所以我们只需解释第一代即可。第一代费米子包括：

- 左手电子 e_L（也就是之前提到的左手外尔旋量）
- 右手电子 e_R（也就是之前提到的右手外尔旋量）
- 左手中微子 ν_L（注意，弱相互作用下宇称不守恒，没有右手中微子）
- 左手上夸克 u_L
- 左手下夸克 d_L
- 右手上夸克 u_R
- 右手下夸克 d_R

前三者统称为轻子（lepton）。在费米子中，每一种粒子都有其对应的反粒子。除此之外，标准模型还包含以下玻色子：

- 光子 γ（它的反粒子是它自己）
- Z 玻色子（它的反粒子是它自己）
- 两种 W 玻色子（两者电量相反，互为反粒子）
- 八种胶子 g（其中六种构成三对互为反粒子，另外两种的反粒子是自己）
- 希格斯玻色子 H（它的反粒子是它自己。这种粒子留到之后讲自发对称性破缺时再介绍）

---

① 电磁力和弱力发生了一定程度的混合，我们所观测到的相关物理量来自两种对称性的混合效果。这种混合的力称为电弱力。对于理解标准模型来说，我们可以暂时忽略这种混合效应。

这些玻色子与每一代费米子产生相互作用。图 4-1 展示了标准模型中的基本粒子。在标准模型中，我们熟知的核子和介子都不是基本粒子。比如，质子由两个上夸克和一个下夸克构成，中子由一个上夸克和两个下夸克构成。

上册介绍过，物体需要拥有某种属性才能产生相互作用。这种属性称为"荷"。对 U(1) 对称群来说，这种荷是电荷（忽略电弱力的混合效应）；对 SU(2) 对称群来说，这种荷是弱同位旋；对 SU(3) 对称群来说，这种荷是色荷。注意，标准模型中的每一种基本粒子都可能同时拥有多种荷，比如每种（左手）夸克都拥有三种荷，它同时受到三种力的影响。

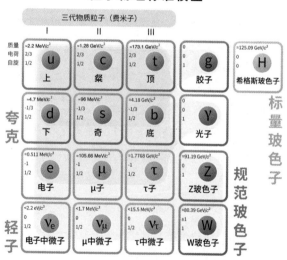

图 4-1　标准模型中的基本粒子
（见彩插，本图在 CC BY-SA 4.0 许可证下使用）

　　我们先看哪些基本粒子有弱同位旋。弱力是由 SU(2) 对称群描述的。如果一个粒子在 SU(2) 对称群下的表示是单态，那么它的弱同位旋为零，即不受弱力；如果它的表示是双重态（两个粒子构成一个双重态组合，其中一个的弱同位旋为 +1/2，另一个为 −1/2 ），那么它就受到弱力。在第一代费米子中，左手电子和左手中微子构成一对双重态，左手上夸克和左手下夸克构成一对双重态——它们都受到弱力。与之相对，右手电子、右手上夸克和右手下夸克都是单态，它们都不受弱力。弱力偏爱左手粒子。忽略电弱力混合效应的话，弱力是由三种玻色子传递的，它们是 Z 玻色子和两种电量相反的 W 玻色子。

　　下面我们用双重态来解释（负）β 衰变。β 衰变描述的过程是：一个中子衰变成一个质子，释放出一个电子和一个反中微子。图 4−2 用 "费曼图" 的形式展示了这个过程。费曼图是美国物理学家理查德·费曼（Richard Feynman）发明的一种图示，其中带箭头的线表示费米子，曲线表示玻色子，三条线的交点表示一次交互作用。图左边的竖直箭头标识了反应的顺序。注意，β 衰变涉及两次相互作用，而不是一次。第一次是中子中的下夸克转化为上夸克（因此中子变为质子），释放出一个 W 玻色子；第二次是玻色子转化为一个电子和一个反中微子（反粒子的箭头是反的）。

　　以上关于弱相互作用的规范场论和电弱统一理论是由谢尔登·格拉肖（Sheldon Glashow）、阿卜杜勒·萨拉姆（Abdus Salam）、史蒂文·温伯格（Steven Weinberg）、约翰·克莱夫·沃德（John Clive Ward）、杰弗里·戈德斯通（Jeffrey Goldstone）等物理学家在 20 世纪 60 年代完成的。

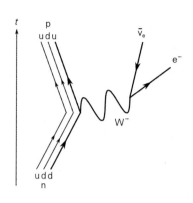

图 4-2　负 β 衰变

　　SU(3) 对称群对应的是强力。上文提到，奇异数守恒的发现让人们意识到，核子、介子和很多新发现的粒子不是基本粒子，而由更基本的粒子构成。1964 年，美国物理学家默里·盖尔曼（Murray Gell-Mann）和乔治·茨威格（George Zweig）提出夸克模型，认为这些复合粒子都由三种夸克——上夸克（up）、下夸克（down）、奇异夸克（strange）——以及它们的反夸克构成。三个夸克构成的粒子称为重子（baryon），两个夸克构成的粒子称为介子（meson），两者统称为强子（hadron）。起初他们认为这三个夸克本身构成 SU(3) 的一个三重态表示，但他们很快发现，这样的话，质子（uud）和中子（udd）这类夸克组合就不可能出现，因为它们违背了泡利不相容原理，即一个粒子中出现了两个同样量子数的费米子。于是，他们猜测 SU(3) 对称群不是作用于夸克本身，而是作用于每个夸克所携带的荷，称为"色荷"。色荷一共有三种，分别为红（r）、绿（g）、蓝（b）。每个夸克可以携带任意一种色荷。反夸克携带的是反色：反红、反绿、反蓝。注意，这里的颜色和日常生活中的颜色无关，只是一种标记 SU(3) 三重态的方法。它用到了真实颜色的一个性质，即红、绿、蓝三色加起来是白色，即"色中性"，好比正电荷和负电荷加起来是电中性。我们需要引入一条限制原则：所有复合粒子都必须是色中性的。这条原则称为"色禁闭"原则。在这条原则下，一个重子由三个夸克构成，三个夸克必然分别携带三种色荷，所以重子是色中性的。一个介子由一个夸克和一个反夸克构成，如果夸克携带的是红，那么反夸克携带的就是反红，介子整体呈色中性。夸克除了携带 SU(3) 的色荷及刚才提到的 SU(2) 的弱同位旋，它们还携带 U(1) 所需的电荷。质子（uud）携带一个正电荷，中子（udd）不带电，我们可以很容易地解出一个上夸克（u）携带 +2/3 电荷，一个下夸克（d）携带 −1/3 电荷。同理，奇异夸克的电荷也是 −1/3。色禁闭原则确保我们无法观测到具有分数电荷的粒子。

注意，基于色荷的 SU(3) 对称性是严格的，而基于上夸克、下夸克、奇异夸克的 SU(3) 对称性（通常称为"味"对称性）只是近似的。事实上，标准模型中的夸克不止三种"味"，而共有三代六种"味"。因此，强力量子场论又称为"量子色动力学"。传递强力的玻色子称为"胶子"，它不是色中性的，而和夸克一样只存在于强子内部。

目前，色禁闭原则尚无严格的证明。不过通过规范场论的计算，我们发现量子色动力学具备一个新的奇特性质：渐近自由。这可以帮助解释为什么我们观测不到单个夸克。之前我在介绍重正化时提到，一个理论可重正化的条件是可观测物理量不敏感地依赖于能量截断。但是，能量截断的存在本身就意味着理论中的"标度对称"（回顾上册介绍的自相似结构）被破坏，因此观测结果与观测能量尺度相关。借用"重正化群流"数学模型，我们可以描述"跑动耦合常数"（running coupling constant）和观测能级的关系。对于强相互作用，其结论是相当反直觉的：观测能级越高，跑动耦合常数越小。观测能级越高意味着观测分辨率越高。在强子内部的尺度下，夸克之间的耦合（作用力大小）很弱，夸克几乎是自由的——这就是"渐近自由"的含义。相反，如果我们试图在大尺度下观察夸克，那么会发现此时夸克之间的耦合非常强。当我们为了打破强子而注入越来越多的能量时，这种能量会转化为正反夸克对，两者分别与被拉开的夸克形成新的强子，从而避免单个夸克的出现。美国物理学家戴维·波利策（David Politzer）、戴维·格罗斯（David Gross）和弗兰克·维尔切克（Frank Wilczek）在 1973 年发现了量子色动力学的渐近自由现象，从而解释了 1968～1969 年的深度非弹性散射实验结果。这项研究再一次彰显了杨-米尔斯理论的强大力量。

以上介绍了标准模型中的第一代费米子。截至目前，人们已经观测到三代费米子，其中第二代包括 μ 子、μ 中微子、奇异夸克、粲夸克（charm）；第三代费米子包括 τ 子、τ 中微子、顶夸克（top）和底夸克（bottom）。它们的对称性和基本作用力与第一代是一样的，只是后一代的质量要比前一代高出一两个数量级。尽管实验中没有发现，但标准模型并不排除更高代费米子的存在。

最后聊聊被称为"上帝粒子"的希格斯玻色子，以及它和其他粒子的质量的关系。刚才提到，杨-米尔斯理论不允许玻色子拥有质量。不仅如此，本章开头说过，有质量的费米子必须满足宇称守恒，然而弱相互作用打破了宇称守恒，只作用于左手费米子。这

个矛盾同样困扰了物理学家很久。希格斯玻色子可以一举解决两种
质量问题。

上册中的"对称"一章介绍过自发对称性破缺。它的含义是，
尽管理论本身遵守某种更高的对称性，但由于最对称的状态是不稳
定的，因此系统在滑向一个稳定态的过程中，会丢失部分甚至全部
对称性。希格斯场被引入杨 – 米尔斯理论，它在洛伦兹群下是一
个标量，不带电荷；在弱相互作用的 SU(2) 对称群下是双重态，这
意味着它受弱力。如果我们为它赋予一个不稳定的势函数，它就会
打破弱相互作用遵守的 SU(2) 对称，原来的四个自由度（来自两个
复场）破缺成一个自由度，丢失的三个自由度退化为三个零质量的
戈德斯通玻色子（Goldstone boson），被 SU(2) 对称群的规范自由
度吸收掉，其效果相当于 W 玻色子和 Z 玻色子获得了质量。破缺
后剩下的自由度称为"希格斯玻色子"。由于破缺前的希格斯场是
一个 SU(2) 双重态，它可以和同为 SU(2) 双重态的左手费米子（包
括轻子和夸克）以及单态的右手费米子交互，因此对称性破缺后的
效果相当于费米子也获得了质量。这整套由于希格斯场的 SU(2) 对
称性破缺而赋予玻色子和费米子质量的过程，称为"希格斯机制"。
这个自发对称性破缺机制既保护了理论本身的高对称性，又解释了
等效理论中的粒子质量。在标准模型中，除光子和胶子以外的所
有基本粒子都受到弱力，因此它们都通过希格斯机制获得了质量。
2012 年，希格斯玻色子由欧洲核子研究中心的大型强子对撞机发
现，成为标准模型中最后一个被预言并发现的基本粒子。粒子物理
学家终于完成了整幅拼图。

标准模型就介绍到这里。它是迄今为止对基本粒子和除引力

以外的基本作用力描述得最准确的模型。从传统量子力学到标准模型的发展过程，可以说是对称性成为物理学基础语言的过程，即库恩理论下的一次"范式转变"（请参考本书末章）。它的发展过程并非一帆风顺，而是充满了似是而非的巧合、柳暗花明的"弯路"、匪夷所思且充满争议的数学处理，以及许多近似正确的唯象学理论——其坎坷程度远超出本章篇幅。在这个过程中，对称性始终指引着人们摸索前行。可以说，时空对称、规范对称、对称性破缺构成了标准模型的三大支柱。即使在今天，对称语言依然指引着人们探索更大、超出标准模型的统一理论，包括超对称理论、量子引力理论、超弦理论等。这些理论目前尚未有令人信服的实验证据，本书就不详述了。

第 5 章

自然单位

单位是描述物理量的一种约定。一个物理量通常由数值和单位构成，其含义是这个物理量相当于多少个单位物理量。比如，一个人的身高是"1.7米"，其含义是，这个高度相当于1.7个1米。通常来说，脱离单位的物理量是没有意义的，比如我们不能说一个人的身高是"1.7"。单位的选取可以是任意的，并不影响被描述的物理量的本质。对同一个物理量来说，改变单位，数值也需要随之改变。比如，"1.7米"相当于"5.577英尺""1700毫米"，等等。

也有一些特殊的量是没有单位的，我们称之为"无量纲量"。它们通常由其他物理量组合而成，单位在组合过程中互相抵消了。比如，一张地图的比例尺为0.000 1（通常写作1：10 000），其含义是，真实世界中的距离是地图上对应距离的10 000倍。无论你用厘米、毫米还是英寸去描述距离，都不影响比例尺。无量纲量是物理学中非常重要的研究对象，但是此处暂不讨论。

或许你已经发现，当今物理单位的国际标准，基本上都以人的尺度为参照。比如，长度标准单位"米"是人体尺寸的数量级；时间标准单位"秒"是脉搏跳动的数量级；质量标准单位"千克"是日常用品的数量级。这些单位都是公制单位，已经在国际上广泛采用。此外，中国古代用于货币单位的"两"、用于米麦薪俸的"石""斛"，以及至今美国仍在使用的英制单位"英尺""英寸""磅""加仑"等，都与人类活动密切相关。

但是从物理学的角度思考，以人为标准的单位是相当糟糕的选择。"人"不是一个标准化概念，也不是一个稳定概念。任何两个人的身高、脉搏、体重往往都不同，即使对同一个人，这些参数也随时间不断变化。比如，英尺在英语中叫作foot。顾名思义，英尺在历史上就是以成年白种人男性的脚长为一个单位。如果对长度的精度没有太高的要求，那么个体差异产生的影响并不大，但是随着人们对精度要求的提升，"一英尺"这个概念需要被标准化。最简单的标准化方法就是选择一个特定的物体或者现象作为参照。比如，从 1889 年到 2019 年这 130 年里，国际单位制以一个由铂铱合金铸造的圆柱体作为"千克"的标准砝码，称为"国际千克原器"。尽管人们在铸造工艺和保存手段上力求其性状稳定，但还是难免磨损、吸附灰尘等因素导致其质量变化。试想一下，如果国际千克原器的质量减少了 0.01%，由于它被定为"千克"的标准，那么世界上所有以"千克"为单位的物体的质量数值都将相应增加 0.01%，这将造成极大不便。在 2019 年前，国际单位制中的时间和长度分别以一天和地球赤道长度为基准，这些单位也面临同样的问题。

可见，一个好的单位应该是普适、稳定的，而不依赖于某个特定的物体或现象。因为物理学恰恰研究世界的普适性质，所以物理理论应当指导我们寻找标准单位。比如，粒子宇宙图景告诉我们，世界上的所有碳 -12 原子都是一样的，那么我们就可以用任意碳 -12 原子的质量作为质量单位。再比如，量子力学告诉我们，某类原子的电子在两个特定能级之间跃迁会激发特定频率的电磁波，那么我们就可以以这个频率作为时间单位。2019 年生效的最新国际单位制以铯 -133 作为原子钟定义标准秒。

但无论如何，这种单位的选取依然基于某类特定的对象，即碳 -12 或铯 -133。假想一个地外文明，它的物质构成和地球完全不同：没有碳 -12、没有铯 -133，却和地球遵循着相同的物理规律。地球人能否借助一套普适性更强、完全依赖于物理规律的单位体系与这个文明交流？

　　答案是肯定的。物理常数本身可以作为单位。

　　物理常数可以帮我们减少基本单位的数量。以光速为例，狭义相对论告诉我们，真空中的光速是一个常数。这个陈述不仅仅是实验现象，更是理论基础。也就是说，在当今的物理理论体系下，我们必须毫无保留地接受这个假设，不然物理理论就要推翻重写。于是，我们不需要分别为距离和时间寻找标准单位，只要定好了其中一个（比如时间）的标准，那么另一个（距离）就可以用光速为桥梁来定义。如果通过铯原子钟定义了1秒，那么我们可以将1米定义为：真空中的光在1秒内传播的距离。如此一来，我们就不需要另外寻找一个1米的标准定义。基本单位的数量减少了一个。而且，在这组单位下，光速被定义为常数，不可能有误差。事实上，2019年生效的最新国际单位制将1米定义为："真空中的光在1秒内传播的距离的299 792 458分之一。"之所以选择299 792 458这个常系数，是为了和2019年之前的标准米定义在数值上保持一致。

　　现在我们考虑三个物理量：长度、时间、质量。在光速常数下，时间和长度约化为同一个单位。如果我们再引入一个与质量相关的物理常数，那么三个单位就约化为一个。事实上，我们还有两个这样的常数，它们分别是万有引力常数和普朗克常数。从它们的单位就可以看出，它们与时间、长度和质量都有关系：

$$G \approx 6.674\ 30 \times 10^{-11}\,\mathrm{m}^3 \cdot \mathrm{kg}^{-1} \cdot \mathrm{s}^{-2}$$
$$h \approx 6.626\ 070\ 15 \times 10^{-34}\,\mathrm{m}^2 \cdot \mathrm{kg} \cdot \mathrm{s}^{-1}$$

加上光速，一共有三个物理常数。这意味着，三个单位可以完全约化。我们可以用这三个物理常数组合基本单位，而不需要人为制定任何标准。以下是长度、时间、质量的表达式：

$$l_p = \sqrt{\frac{\hbar G}{c^3}}$$

$$t_p = \sqrt{\frac{\hbar G}{c^5}}$$

$$m_p = \sqrt{\frac{\hbar c}{G}}$$

其中，$\hbar$ 是约化普朗克常数，等于 $\frac{h}{2\pi}$，是量子力学中常用的约定。这三个由物理常数构成的基本单位分别称为普朗克长度、普朗克时间、普朗克质量。它们和标准单位的关系是：

$$l_p \approx 1.616 \times 10^{-35} \, \text{m}$$

$$t_p \approx 5.391 \times 10^{-44} \, \text{s}$$

$$m_p \approx 2.176 \times 10^{-8} \, \text{kg}$$

现在，让我们忘掉一切人为定义的单位，将光速、万有引力常数和约化普朗克常数都写为 1，于是普朗克长度、普朗克时间和普朗克质量都为 1。当描述某个长度的时候，我们可以说它相当于多少个普朗克长度。这样一来，只要某个地外文明也遵循万有引力定律、狭义相对论和量子力学，那么我们就可以用同一套单位标准来交流。因为这套基于物理常数的单位是最自然的，所以称为"自然单位"。

统计力学告诉我们，气体的温度其实代表了气体粒子的平均动能。平均动能是温度的常数倍，这其中涉及的常数就是玻尔兹曼常数。能量单位可以由三个自然单位组成，而温度单位依然取决于人为选择，即水在常压下的熔点和沸点。依照同样的思路，我们将玻尔兹曼常数作为温度单位的基准，将它设为 1，于是就得到了温度的自然单位，即普朗克温度：

$$T_\mathrm{p} = \sqrt{\frac{\hbar c^5}{G k_\mathrm{B}^{\ 5}}} \approx 1.417 \times 10^{32}\,\mathrm{K}$$

我们再来考虑与电磁学相关的单位。回顾上册介绍的库仑力，你会发现电荷单位与库仑常数有关。也就是说，如果将库仑常数设为 1，电荷就获得了自然单位。然而这样做有一个问题，那就是另外两个与电磁力有关的物理常数必须用这套自然单位表述，因而失去了基础地位。这两个常数分别是单位电荷（单个电子的电量）和描述电磁作用强度的精细结构常数。后者是一个无量纲量，它本身不能被用于定义自然单位，但它会限制常数值的选择。因此，在研究原子级问题时，我们会忽略引力效应（也就是说，将万有引力常数排除在自然单位的选择之外），以普朗克常数、光速、精细结构常数、单位电荷、电子质量为依据构建自然单位。

问题到这里变得复杂了。一方面，当物理常数的数量超过基本单位的数量时，人们会根据不同场景选择不同组合，构建自然单位。另一方面，过多的常数也令物理学家担忧：假如整个物理理论中有 N 个基本单位和 M 个常数（$M>N$），那么无论如何选择自然单位体系，最终总会剩下 $M-N$ 个无量纲常数。尽管容许这些常数存在并不影响物理理论的预测能力，但物理学家相信，这些常数隐藏着某种尚未被人们知晓的宇宙奥秘，指引人们寻找终极理论，让这些常数成为更深层机制的计算结果。

第 6 章

宇宙学和天文学

到目前为止，本书讲的都是支配世界的物理规律。本章聊聊我们身处的宇宙是什么样子的，它从哪里来，到哪里去。

仰望星空是人类长久的冲动，它甚至成为不带任何功利目的、纯粹出于好奇的行为象征。随着观测手段的延伸，人类一边剖析到纳米级的微观世界，另一边延伸到百亿光年外的宇宙空间。相比之下，人类观测宇宙的手段比较有限。无论是古代的肉眼观察还是现代的光学望远镜观测，主要都是对电磁波的可见波段进行观测。随着电磁理论和望远镜技术的发展，人们拓展了电磁波的探测范围，可以探测到微波、红外、紫外及更高能的波段。除此之外，人们还通过抵达地面的物质来获取地外世界的信息。除了比较罕见的陨石，这些物质主要包括来自太阳和其他恒星的宇宙射线，其主要成分是高能质子、氦原子核、其他重原子核、电子、其他轻子（包括中微子）和极少量反物质粒子。2015 年，人类首次探测到引力波，观测手段获得了一个全新的维度。除了在地面观测宇宙，人类也将触角延伸到了地外，包括大家比较熟悉的美国国家航空航天局的好奇号火星探测器、中国的嫦娥号月球探测器，以及已经进入星际空间、将永远漫游在银河系中的旅行者号探测器。

天文学研究的是地球以外的一切自然现象。它是一个非常独特的物理学分支：和许多在实验室中进行的物理学研究不同，天文学研究几乎无法做实验，只能依靠观测。有些研究对象相对普遍，比如行星轨道、恒星光谱等，但有些研究对象是唯一的，其中就包括宇宙。宇宙学研究的是整个宇宙的大尺度结构和它的历史及未来。

和其他物理对象相比，研究宇宙还有一个困难。宇宙的时间尺度太大了，动辄几亿年。人类进行宇宙学研究的时间跨度以年为单位，相比之下完全可以忽略不计。人们在地球上观察到的宇宙，是宇宙历史的一个**静态切片**（所有在**此刻**到达地球的光速信号，包括电磁波和引力波），以及从这个静态切片中推导出来的少量动态信息（比如通过多普勒效应从光谱红移现象推算出恒星的退行速度），但人们无法观察一个完整的动力学周期。于是，构建宇宙的动力学模型就严重依赖当下的理论框架，在今天就是广义相对论和量子理论。

在介绍当今主流的宇宙大爆炸理论之前，我们先收集此刻的宇宙切片给我们透露的线索。

首先，宇宙在大尺度上是均匀的。尽管宇宙中存在从星体到星系等不同规模的层级质量聚集，但从目前观测到的宇宙来看，在 3 亿光年以上的尺度，物质结构和质量分布都相当均匀。从大尺度来看，地球在宇宙中的地位并不特殊。事实上，宇宙中没有任何一处是特殊的。宇宙没有所谓"中心"。

其次，宇宙在大尺度上是平坦的。我在关于广义相对论的一章中介绍过，物质决定时空曲率，时空曲率引导物体运动。人们通过多方证据发现，宇宙的曲率整体上非常接近于零，是一个平坦的时空。

最有趣的一点是，宇宙不是静态的，它在膨胀。美国天文学家埃德温·哈勃于 1929 年发现，宇宙中的星系正在远离地球，并且距离越远，远离速度越快，远离速度与距离成正比。这个发现称为"哈勃定律"，比例系数称为"哈勃常数"：

$$v = HD$$

其中，v 是星系远离地球的速度，D 是星系与地球的距离，H 是哈勃常数。由于地球在宇宙中的地位并不特殊，因此合理的推论是，宇宙中的所有星体都在互相远离，并且任意两个星体的远离速度都与两者的距离成正比。

你或许在一些科普书上看到过这样的比喻：气球表面画满了星体，气球膨胀时星体互相远离；面团中有很多葡萄干，当面团在烤箱中烘焙膨胀时，葡萄干互相远离。这两个比喻可以帮助我们理解"所有星体互相远离"的图景，但它们在一定程度上具有误导性。在气球模型中，仿佛存在一个膨胀中心（气球中心），所有星体都以它为中心向外膨胀；在葡萄干面包模型中，仿佛存在一个旁观者，星体（葡萄干）对旁观者来说嵌在一个外在、绝对、静止的空间中。但是，在宇宙学中，导致星体退行的是宇宙尺度的时空结构，用广义相对论中的度规函数来表达。这个度规函数的空间部分伴有一个随时间改变的"尺度因子"，尺度因子越大，空间膨胀得越剧烈，哈勃定律就是这个因子随时间增大的效果。在全宇宙尺度下，我们假设物质是均匀分布的，从而抹去了星体和星系的结构差异和质量密度差异。于是，哈勃定律描述的星体退行是大尺度空间膨胀的效果，而不是局域引力下的动力学效果。

如果哈勃定律适用于任何距离，那么只要星体间的距离足够远，它们的相对退行速度就可能超过光速。不过不用担心，这并不违背狭义相对论中的光速极值推论。相对论讨论的速度是局域速度，即时空中相邻物体的相对速度；而超光速的哈勃速度只限于遥远的星体之间，当星体很近时，相对退行速度也相应变小。超光速的哈勃速度无法用于传递物质或信息，因而不违背因果律。

既然描述空间膨胀的"尺度因子"是时空度规的一部分，那么它就必须满足爱因斯坦场方程。由此可以推导出一个关于全局宇宙的尺度因子的方程，这个方程被称为弗里德曼方程。由弗里德曼方程可以推导出尺度因子和哈勃常数随时间的变化关系。可见，尽管哈勃常数在某个时间切片上对所有星体退行而言是常数，但仍然随时间演变，因此称为"哈勃系数"更恰当。

事实上，可以在今天这个时间切片上观测到尺度因子和哈勃系数随时间的变化。以地球为参考点，我们观测到的光信号来自全局宇宙参考系下的"以前"。因此，我们观测到的来自不同距离的星体或星系的哈勃系数，其实对应的是宇宙历史上不同时间点的哈勃系数。最初的哈勃定律描述的是离地球比较近的星系，哈勃系数随时间的变化率尚不明确。1998 年，通过观测遥远的 Ia 型超新星，人们计算出远距离的哈勃系数，进而推算出较早期的宇宙膨胀速度比现在慢，宇宙正在经历加速膨胀。

如果宇宙的动力学完全由万有引力决定，那么星体和星系之间的空间应该收缩；即使膨胀，也应该减速膨胀。加速膨胀的宇宙显然与这个假设矛盾。

早在 19 世纪晚期，人们就猜测，人类直接观测到的星体可能只占宇宙中物质的一小部分。如果仅靠观测到的那些星体，那么很多星系不应该呈现出现在的运动模式，有的甚至应该在高速旋转下瓦解。其他理论与观测不符的还包括广义相对论预言的引力透镜，和后面要详细介绍的宇宙微波背景辐射。人们猜测，宇宙中可能存在人们尚未发现的一种物质，它只产生引力，不参与电磁相互作用，因此地球接收不到来自它的光信号。正是这些"暗物质"，产生了额外的引力，维持星系的运动。人们推测，暗物质约占所有物质的85%。

然而，如果考虑这些暗物质产生的额外引力，那么加速膨胀带来的矛盾就更严重了。此时，人们唤回被爱因斯坦抛弃的宇宙学常数，希望它能为加速膨胀的宇宙提供依据。并且，人们为它赋予了新的含义，称之为"暗能量"。它产生的效果是抵抗宇宙中的物质、暗物质、电磁辐射产生的内聚吸引，让宇宙得以加速膨胀。结合以上设定，宇宙学家提出了"ΛCDM 模型"，翻译为"Λ - 冷暗物质模型"，其中 Λ 代表宇宙学常数，"冷"暗物质表示该理论假设暗物质的运动速度很低。如果我们知道 ΛCDM 模型的所有参数，就可以计算出尺度因子函数、哈勃系数，进而计算超新星红移、宇宙微波背景辐射等结果。反过来，通过观测数据，就可以反推模型的参数，这个过程称为"拟合"。今天的拟合结果是，宇宙的能量中约68%由暗能量构成，约27%由暗物质构成，剩下不到5%由普通物质和电磁辐射构成。不仅如此，我们还得到一个副产品：既然宇宙在加速膨胀，那么它一定有一个起点，在那个时刻发生的事件称为"大爆炸"。根据 ΛCDM 模型的拟合结果，从大爆炸到今天，已经过去了约138亿年——这就是宇宙的年龄。

知道了宇宙的年龄，那么宇宙膨胀到今天，究竟有多大呢？这个问题要从三个层面来回答：第一是真实的宇宙边界，第二是理论上能被今天地球上的人类观测到的宇宙边界，第三是当下技术水平观测到的宇宙边界。

第一个层面是没有意义的——这是人们常有的误解。ΛCDM模型只关心全局宇宙的时空度规，即任意两个时空点之间的距离是多少。这个度规并没有阻碍物质出现在无限宇宙空间中的任何位置。至于全宇宙的物质究竟如何分布，最远的星体有多远，它们的"边界"在何处，这些问题我们无法回答。原因是，我们被第二个层面限定住了，即人类理论上能够观测到的宇宙边界，被称为"可观测宇宙"。

可观测宇宙的含义是，今天理论上地球能收到的所有信息，其来源在今天所处的位置，构成的宇宙范围。这样说有些抽象。举个例子，如果某个星体在宇宙诞生之初（假设那时已经有星体了）就放出一个信号，这个信号以光速传播，经过138亿年后传到地球，那么这个星体今天的位置就是今天可观测宇宙的边界。基于对称性，如果地球在宇宙诞生之初（假设那时已经有地球了）向这个星体的方向放出一束光，那么这束光刚好在今天到达这个星体。如果地球在宇宙诞生之初就向四面八方发射光信号，那么这些信号在某个时刻到达的球形边界，就是那个时刻可观测宇宙的边界。这个边界以外的宇宙，或许会在未来被地球上的人类观测到，但在今天不可能。假设所有的宇宙学观测都发生在地球上，那么可观测宇宙就呈现出以地球为中心的球形。随着时间的推移，这个球形的半径在不断扩张。

　　上册中的"时间与空间"一章提到，从宇宙大爆炸至今，可观测宇宙的半径扩张到了 465 亿光年。不知你是否会感到困惑：如果宇宙的年龄是 138 亿岁，那么宇宙中最早的光最多走了 138 亿年，也就是走了 138 亿光年的距离，为什么可观测宇宙的半径比这个数大呢？原因正是时空在膨胀。设想一条弹性很好的橡皮筋的一端有一只蚂蚁，它以恒定的速度向着另一端爬，同时橡皮筋被不断拉长。在蚂蚁行进的过程中，它爬过的那部分在不断变长，所以尽管蚂蚁的速度是恒定的，但当它爬到另一端时，它经过的距离（橡皮筋的长度）在今天的值比蚂蚁前进速度与时间的乘积更长。这其中有一部分是橡皮筋被拉长的结果。可见，今天的可观测宇宙的半径是 465 亿光年，其中大部分是宇宙膨胀的效果。

　　可观测宇宙的半径随着时间的推移而变大。这是否意味着，无论今天多远的星体，只要等待时间足够长，地球上的我们就一定能观测到呢？并非如此。ΛCDM 模型告诉我们，假设物质密度、时空曲率和宇宙学常数等模型参数都不变，可观测宇宙的半径存在一个理论最大值。当时间趋于无穷时，可观测宇宙的半径并不是趋于无穷，而是趋于一个常数，它在今天的值约等于 620 亿光年（未来会随着尺度因子增长）。由于加速膨胀的宇宙和有限的光速，人类永远也无法观测到这个范围之外的宇宙。也就是说，如果橡皮筋被拉长得足够快，那么蚂蚁可能永远无法到达另一端。在橡皮筋上的某一点横亘着一堵无形的墙，它随着橡皮筋的拉长不断向后退行。蚂蚁终其一生也只能无限接近这堵墙，而无法越过这堵墙。

　　至于第三个层面，目前人类观测到的最远的星体，是詹姆斯·韦布空间望远镜在 2022 年观测到的 JADES - GS - z13 - 0 星系，它位于 336 亿光年以外。这个信号来自 134 亿年以前，距离宇宙诞生之初仅 4 亿年。

在目前观测到的宇宙图景中，地球处于什么位置呢？大家对哥白尼用日心说推翻地心说的故事耳熟能详。其实，看到这里，你应该明白，宇宙并没有边界，也就没有中心。人们之所以采纳日心说，是因为把太阳放在中心，整个太阳系的星体运动描述起来更简洁。当然，太阳系在更高层次的星系中也未必在正中间，它只是诸多星系中的普通一员。如果我们从地球出发，层层递进，那么依次会看到太阳系、本地星际云、银河系、本星系群、室女座超星系团、超星系团，直至可观测宇宙（见图 6－1）。由于可观测宇宙是以地球为参照的，因此在最高层次来看，地球又变成了中心。

图 6-1　地球在宇宙中的位置

（图片来源：美国国家航空航天局）

1964 年，美国天文学家阿尔诺·阿兰·彭齐亚斯（Arno Allan Penzias）和罗伯特·伍德罗·威尔孙（Robert Woodrow Wilson）在观测天文现象时发现，有一种微弱的电磁辐射总是如噪声般出现在所有的观测结果中。他们排除了所有可能的技术故障（甚至清除了天线上的鸟粪），但仍无法消除这个信号。这个信号有一些特征。首先，它均匀地遍布在宇宙中的所有方向上，仿佛是宇宙的"背景"。这称为"各向同性"。因为地球在宇宙中所处的位置并不是特殊的空间点，此刻也不是特殊的时间点，所以这个背景辐射不仅在此刻的地球上看起来具有各向同性，而且在宇宙中的任何时间、任何地点看起来都应该是这样。这称为"同质"或"均质"。其次，背景辐射的强度并不是严格均匀的，而是在不同角度有微小的偏差，称为"涨落"。涨落的程度是随机、均匀的，而且涨落出现的方向也具有各向同性。最后，这个信号不是单一频率的信号，而是一个连续的波段，不同频率的辐射强度不同。这类辐射是否听上去很熟悉？没错，第 3 章章首介绍的黑体辐射就具有这种辐射强度曲线。通过更细致的观测，彭齐亚斯和威尔孙发现，宇宙背景辐射的强度曲线的确符合黑体辐射曲线。它的强度峰值出现在 160 吉赫兹左右，属于微波波段。之前介绍过，不同温度的黑体的辐射曲线和峰值频率是不同的。宇宙背景辐射对应的黑体温度约为 2.725 开尔文，即零下 270 摄氏度左右。图 6-2 展示的是由美国的威尔金森微波各向异性探测器观测到的完整的宇宙微波背景辐射，红色代表偏高温，蓝色代表偏低温，而不是我们真实观察到的颜色（因为微波波段不在可见光波段内）。

图 6-2　宇宙微波背景辐射（见彩插）

宇宙微波背景辐射（cosmic microwave background，以下简称 CMB）是继哈勃定律以来最重要的宇宙学发现。它不仅佐证了宇宙大爆炸理论，而且提供了关于大爆炸早期的重要线索。要知道大爆炸早期发生了什么，我们不妨以今天为起点，将时间反演，反推宇宙收缩的过程中会发生什么，特别是，CMB 是如何出现的。

根据弗里德曼方程，随着宇宙收缩，尺度因子减小，宇宙中的物质和电磁辐射的能量密度都会增加，而且后者增加的速度比前者更快。物质能量密度增加意味着它们难以维持原先的原子结构，会瓦解成更小的稳定原子，也就是氢原子。事实上，现在宇宙中的物质（除成分不明的暗物质外）主要是氢原子，占了 74% 的质量，其次是氦原子，占了 24% 的质量，剩下所有其他原子、分子等加起来约占了 2%。当氢原子的能量密度随着压缩继续增加时，轨道上的电子会吸收光子，逃离原子核（也就是质子）的束缚。此时的宇宙像是一锅翻滚的浓汤，里边有质子、电子、光子，它们之间不断地碰撞、束缚、逃离束缚，达到一个平衡态。这个时期在宇宙学中称为"复合期"。根据今天 CMB 的温度，我们推测复合期结束于宇宙大爆炸后 37 万年左右。

在复合期内，光子频繁地与质子、电子发生碰撞，很难进行长距离传播，整个宇宙看上去一片混沌，模糊不清。在复合期末期，电子被质子束缚，形成稳定的中性氢原子，光子终于可以在大尺度下畅通无阻（这个过程称为"解耦"），宇宙终于清晰起来。从 37 万岁开始，宇宙，作为一个黑体，均匀地向各个方向释放光子。这些光子随着宇宙膨胀而降温，并且在多普勒效应下发生红移，直到今天以 CMB 的形式被地球上的我们观测到。可以说，CMB 是宇宙在 37 万岁时拍的一张照片，留下复合期的许多足迹。

值得一提的是，除了氢原子，"宇宙浓汤"中还有约 24% 的质量来自氦原子。电子与氦原子核也会发生碰撞、束缚、逃离束缚的过程。但由于氦原子电子轨道的能量比氢原子强，电子较早就被束缚住而形成稳定的氦原子，因此氦原子对 CMB 的影响可以忽略不计。

CMB 提供的线索中，除了温度和各向同性，最重要的是涨落尺度随观测精度的变化。这个概念有些抽象，打个比方：一条由鹅卵石铺成的路，远看非常均匀，如果俯身细看，会发现一颗一颗鹅卵石，但是如果再凑近看，又会发现鹅卵石表面非常光滑、均匀。也就是说，在不同的观测精度下，鹅卵石路面呈现给我们的均匀程度是不同的。太远或太近，看到的涨落很小，只有在特定的精度下才会看到明显的结构。

CMB 的涨落也是如此。如果将涨落幅度和观测精度（也就是从地球上观测的夹角）画成一条曲线（见图 6-3），我们会发现，涨落幅度在 1 度左右最大，之后在 0.5 度和 0.25 度有较小的峰值，而在更大和更小的尺度下显得非常均匀。

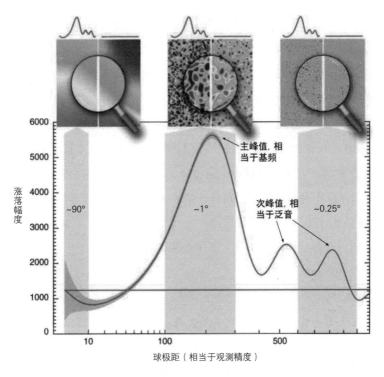

图 6-3　CMB 的涨落

涨落是如何产生的？为什么在 1 度左右呈现的涨落幅度最大？CMB 的涨落归根结底来自宇宙大爆炸初期的不均匀，这种不均匀很可能由量子涨落引起，但人们对此的了解还非常有限。如果宇宙在复合期的物质分布和今天类似，主要由暗物质构成，那么暗物质本身的密度涨落就会影响光的路径。注意，暗物质不和光**直接**发生作用，但广义相对论告诉我们，暗物质产生的引力场（时空扭曲）会让光线发生偏折，所以暗物质的密度涨落会体现在 CMB 的涨落上。以上是 CMB 涨落的第一种来源，也是较弱的来源。更重要的是，暗物质的引力场还会影响由光子、电子、质子构成的"宇宙浓汤"，它在暗物质的吸引下会发生压缩现象。当压缩达到一定程度后，由于内压作用，它又会向外膨胀，如此往复产生周期性的膨胀与压缩，从而形成了类似于流体传播声音的运动模式。这种压缩 - 膨胀行为与暗物质的涨落结构有关，并且其状态在宇宙 37 万岁时被 CMB 这张"照片"记录了下来。如果暗物质涨落的空间尺度（称为"引力势阱"）太大，这个区域中的"浓汤"从宇宙诞生之初花了 37 万年都无法完成一个完整的压缩 - 膨胀过程，那么它呈现的涨落就不会那么显著；相反，如果这片"浓汤"在 37 万岁那一刻刚好达到压缩 - 膨胀周期的极大值或极小值，它就会在 CMB 上呈现为涨落的巅峰。假设"浓汤"涨落的速度接近于光速，那么 37 万光年恰恰是我们在地球上观测到的 CMB 涨落的最大尺度。如果将暗物质的涨落结构类比为管乐器，将"浓汤"的周期性压缩 - 膨胀视为由管乐器演奏出的声音，那么 37 万光年便好比是管乐器的基础波长，对应的是基频，基频的整数倍是泛音。也就是说，我们在地球上看到的 CMB 涨落峰值就是这首"复合期乐章"的基频，0.5 度和 0.25 度对应的小峰值是它的泛音。

通过理论预测的 CMB 涨落峰值尺度、CMB 传到地球所途经的距离，以及在地球上观测到的 CMB 涨落峰值夹角，我们可以计算出宇宙尺度的曲率。计算结果表明，宇宙在大尺度上非常平坦，曲率几乎为零。根据这个结论，结合观测 Ia 型超新星得到的哈勃系数，我们可以决定 ΛCDM 模型的参数，进而决定宇宙学常数及暗能量所占的比例。

CMB 先聊到这里。复合期的"宇宙浓汤"中除了质子和氢原子，还有约 24% 的氦原子和不到 2% 的其他原子。我们知道，大部分原子的原子核是由质子和中子构成的。当宇宙温度很高的时候，宇宙中只有自由的质子和中子；当宇宙逐渐冷却下来时，它们才会互相吸引、绑定，形成较大的原子核。实际上，处于自由状态的中子并不稳定，它会在弱相互作用下衰变为质子、电子和反中微子。当然，这个衰变过程的逆过程也可能发生，使得中子和质子达到平衡。但是，随着宇宙的膨胀和降温，这种平衡向质子倾斜，衰变的逆反应也就越来越难以发生。在宇宙年龄为一秒左右时，自由中子和自由质子的比例约为 1∶6。随着宇宙继续膨胀与降温，不稳定的中子还会继续衰变成质子（半衰期约为 10.2 分钟），但很快，中子开始和质子结合，形成原子核，而原子核中的中子是稳定的。最早发生的结合是一个质子和一个中子形成氘（氢的一种同位素），然后氘和质子形成氦 −3（氦的一种同位素），氘和中子形成氚（氢的另一种同位素），再之后是氦、锂、铍。这个时期被称为"核合成"时期，大致发生在宇宙诞生后的 10 秒至 20 分钟的时间段内。这个过程是连续的，没有明确的时间界限，这些时间都是大致的划分。至于更重的元素，例如碳、氧等，则要在未来漫长的恒星内部核聚变中产生。

第 3 章提到，量子力学发展至今，遇到了"紫外灾难"困境。物理学家相信，在能量更高的领域，存在新的理论，量子力学是它在低能阶段的有效理论。为了寻找更高能的新理论，人类斥巨资建造加速器，目的就是将粒子加速到高能状态，让它们碰撞、散射，从中获得高能物理的线索。其实，追溯宇宙大爆炸的过程，就类似于将整个宇宙加速的思想实验。由于我们目前对高能理论知之甚少，因此对大爆炸早期发生的事尚停留在猜测阶段。这些理论超出了第 3 章和第 4 章的范围，此处简要描述，感兴趣的读者可自行深入探索。

我们从宇宙诞生后的第 1 秒开始回溯。在第 10^{-6} 秒到第 1 秒内，包括质子和中子在内的强子（由夸克组成的重子和介子）逐渐瓦解成夸克。在更早的阶段，即第 10^{-12} 秒到第 10^{-6} 秒内，夸克能量太高，无法形成稳定的强子，而是处于夸克 – 胶子等离子态。在第 10^{-12} 秒左右，电磁相互作用和弱相互作用统一成电弱相互作用。在第 10^{-36} 秒，人们推测此时电弱相互作用和强相互作用统一，形成"大统一理论"。在第 10^{-43} 秒，人们推测此时引力和大统一理论得到统一，形成"万物理论"。10^{-43} 秒接近普朗克时间，比它更早的时间在量子力学中是没有意义的，所以它相当于宇宙大爆炸的起点。

到目前为止，大爆炸理论为宇宙的历史提供了一个很好的模型，在当今量子理论和广义相对论框架下解释了我们目前观测到的现象。但是，大爆炸理论还有很多难以解释的问题，举例如下。

平坦性问题：今天的宇宙为何如此平坦？根据弗里德曼模型，宇宙的曲率会随着宇宙膨胀而放大。这意味着不仅今天的宇宙很平坦，宇宙从诞生到现在一直都非常平坦。宇宙为何如此偏好平坦？

视界问题：宇宙为何如此均匀？相邻时空可以通过足够长时间的相互作用来抹平不均匀，但宇宙膨胀速度经常大于光速，无法产生因果交互的时空区域为何会如此均匀？

磁单极子问题：根据大爆炸理论，强力、弱力、电磁力在大爆炸早期是统一的，随着宇宙降温产生自发对称性破缺，分解为不同的力。大统一理论预测，对称性破缺的过程会伴随大量磁单极子产生，在今天会成为宇宙的主要成分之一。但是，我们目前没有观测到任何磁单极子。

为了解决这些问题，俄罗斯物理学家阿列克谢·斯塔罗宾斯基（Alexei Starobinsky）、美国物理学家阿兰·古斯（Alan Guth）和安德烈·林德（Andrei Linde）在 20 世纪 80 年代提出了"暴胀理论"。这个理论认为，宇宙在诞生后的 10^{-36} 秒（大统一理论时期）到 10^{-32} 秒这段时间内，经历了一段指数级膨胀的过程，尺度因子在这段极短的时间内增长了 10^{26} 倍。这个暴胀过程是由宇宙学常数主导的，它可以一举解决以上三个问题（论证过程涉及比较复杂的数学，此处不展开），所以暴胀理论目前被公认为大爆炸理论的重要组成部分。但是，暴胀理论尚不完美，仍然有很多人造的痕迹。与其说它是一个完整的理论，不如说是给大爆炸理论打的一个补丁。比如，为什么暴胀过程发生在这个特定的时间段？究竟是什么驱使了暴胀过程？这些都是今天宇宙学前沿非常关注的问题。

我们介绍了大爆炸起点到 CMB 这段宇宙早期历史。其实，宇宙在 CMB 时期还是比较高温的一片混沌，远没有形成今天的星系结构。下面我们看看从 CMB 开始，宇宙如何一步步变成今天的样貌。

引力是不稳定的。一旦出现密度涨落，质量较大的物体就会吸引周围的物体，滚雪球般越来越大。随着物质（主要是氢原子和氦原子）的积累，星体在引力作用下向内坍缩，其核心的密度和压强越来越大。一旦达到某个临界密度，氢原子的核聚变反应就能持续进行。于是，这团物质成为向外持续发光发热的恒星，其内部核反应产生的压强抵抗来自引力的内聚压强，直到聚变能源耗尽，恒星死亡。

从 CMB 到第一颗恒星产生，宇宙经历了漫长的"黑暗期"。在宇宙诞生后的 1 亿年左右，第一颗恒星出现，标志着宇宙进入一个新的阶段。此后，更多的恒星与星系形成，恒星释放出的高能光子将附近的氢原子电离为质子和电子，同时释放出大量新的光子，成为今天我们看到的璀璨星空。这个阶段称为"再电离期"，发生在 1 亿年和 10 亿年间。

宇宙在 10 亿年左右基本完成再电离。此后，恒星持续聚变，星体在引力作用下演化，逐渐形成复杂的层级结构：星系、星系群、星系团、超星系团等。地球所处的银河系诞生于 2 亿年左右，太阳系诞生于 92 亿年左右。

虽然恒星基本上始于氢原子核聚变反应，但不同质量的恒星会经历不同的阶段，其归宿也不尽相同。恒星一生中的大部分时间处于氢聚变成氦的阶段。如果恒星质量比较小，那么它最终会变成完全由氦构成的白矮星。质量更大一些的恒星对核心产生的引力压强更大，核心的氢燃烧完后，氦会在高压下继续聚变，变成由碳和氧构成的白矮星。如果质量足够大，那么恒星还会发生后续聚变，包括碳聚变、氖聚变、氧聚变、硅聚变等。这条聚变链的最后一站是最稳定的元素：铁。注意，这些聚变不是同时完成的，而是由引力压强以层级方式触发的。通常来说，越靠近核心，压强越大，在聚变链上越领先。在恒星生命的晚期，聚变反应就像剥洋葱一样：最外层发生的是氢聚变，往里一层发生氦聚变，然后是碳聚变、氧聚变等。质量越大的恒星，最终在聚变链上走得越远。注意，以上是恒星聚变的大体规律，恒星聚变是非常复杂的动力学过程，星体内的物质可能发生对流，未必符合这样清晰的层级结构。有些恒星的自转角动量较大，反应也不满足球对称。

刚才提到的白矮星是小质量恒星的终极归宿。氢聚变成氦，氦或许会进一步聚变成碳和氧。当聚变能量耗尽后，引力会导致恒星坍缩，但由于恒星质量较小，引力压强又没有大到能触发下一步反应，恒星内核依靠电子简并压来抵抗引力，形成氦白矮星或碳氧白矮星。白矮星是银河系中 97% 的恒星的归宿，包括太阳。

质量更大的恒星，其内核在引力压强下引发后续聚变，直到成为铁核。此时，缺少了聚变产生的压强来抵抗巨大的引力压强，铁核的电子简并压又不足以抵抗引力，轨道上的电子会被"压入"原子核，与原子核中的质子结合形成中子。于是，恒星内核成为一堆致密的中子，由中子的简并压抵抗引力。这是恒星的第二种归宿：中子星。

在中子星的形成过程中，有时引力塌陷会导致失控的剧烈核反应，有时铁核成为中子星时会释放大量引力势能，两者都会释放短暂而强烈的电磁波。这种现象称为超新星爆发。超新星爆发极其明亮，可以照亮整个星系，因此我们得以观测到非常遥远（也就是非常早的）的宇宙。超新星爆发还会伴随剧烈的引力场扰动，释放强烈的引力波，同时还可能将外壳物质以接近光速的速度抛洒出去，形成宇宙射线。

当恒星的质量大到连中子的简并压都无法抵抗引力时，恒星就进入了第三种归宿：黑洞。

白矮星、中子星、黑洞是恒星的三种归宿。划分前两者的质量界限称为"钱德拉塞卡极限"，为 1.44 倍太阳质量；划分后两者的质量界限称为"奥本海默－沃尔科夫极限"，约为 3 倍太阳质量。

最后聊聊黑洞。

黑洞之于宇宙学，就像薛定谔的猫之于量子力学一样著名而又神秘。经典力学和广义相对论都认为，大质量的星体会改变周围物体的运动轨迹，光也不例外。如果物体的速度足够大，它就有可能摆脱引力源的束缚。对地球表面的物体来说，这个速度称为"第二宇宙速度"，大小约为 11.2 千米／秒。质量越大的星体，对星体外的区域产生的引力越大，需要摆脱其束缚的逃逸速度也越大。然而，相对论告诉我们，一切物体的运动速度都不能超过光速。当星体引力大到逃逸速度超过光速时，包括光在内的任何物质都无法摆脱其束缚，故名"黑洞"。当星体质量超过奥本海默－沃尔科夫极限后，没有任何力可以抵抗其强大的引力。英国数学家、物理学家罗杰·彭罗斯（Roger Penrose）在 1965 年证明，当星体质量足够大时，所有物质在引力作用下不断向着星体中心坍塌，最终会形成一个体积为零、密度和时空曲率都无穷大的奇点。在奇点附近，一切物理定律都失效了。广为大众所熟知的英国物理学家斯蒂芬·霍金（Stephen Hawking）基于彭罗斯的工作，进一步证明了宇宙大爆炸起源于一个奇点。

黑洞的中心是一个密度和曲率都无穷大的时空奇点，但这并不意味着我们可以任意靠近这个奇点。对于一个没有电荷和角动量的黑洞，通过广义相对论可以计算出一个半径，当物体落入这个半径之内时，在外面的观测者看来，它不可能返回到半径以外的区域，而是永远地落入这个半径对应的球形空间里。这个半径称为"施瓦西半径"（如果黑洞有电荷和角动量，那么解会复杂一些）。这个球表面被视为黑洞的边界，即"事件视界"。施瓦西半径与星体质量成正比。对地球这样质量的星体来说，施瓦西半径仅有 9 毫米。也就是说，要让地球成为黑洞，需要把整个地球压缩到硬币大小的空间里。

黑洞的奇点会给物理理论造成严重的破坏，这是奇点定理令人担忧之处。好在，它通常被事件视界包裹着，视界内发生的怪异事件不会影响到视界外的时空。但是，是否存在没有被事件视界包裹的奇点（"裸奇点"）？这个问题尚无定论。彭罗斯在 1969 年提出"宇宙审查假说"，认为除了宇宙大爆炸的起源，所有奇点都被包裹在事件视界里。

黑洞不断吸收着事件视界附近的物质，质量变大，施瓦西半径也相应增大，进而使黑洞吸收更多物质。因此，黑洞一旦形成，它就会不断膨胀，贪婪地吸纳着它所能触及的一切物质和能量，甚至可能和其他黑洞合并，成为更大的黑洞。

霍金在 1971 年证明了黑洞视界的表面积不会减少，两个黑洞合并后总表面积会增大。以色列裔美国物理学家雅各布·贝肯施泰因（Jacob Bekenstein）发现，这个性质和热力学第二定律非常类似，黑洞视界的面积扮演了熵的角色。他沿用经典热力学的思路，构造出黑洞熵和黑洞温度概念，提出黑洞热力学理论。

　　贝肯施泰因构造的黑洞熵与黑洞视界的表面积成正比。回顾上册中的"熵"一章，我们知道经典热力学的温度和熵是同时定义的，两者的标度由玻尔兹曼常数决定。因此，若要将黑洞熵与由普通物质构成的环境熵对等起来，就需要寻找一个适用于黑洞熵的常数系数。贝肯施泰因发现，这个常数系数由普朗克面积（普朗克长度的平方）决定。于是，贝肯施泰因－霍金黑洞熵被定义为：

$$S_{\text{BH}} = \frac{k_{\text{B}}A}{4l_{\text{p}}^{2}}$$

其中，A 是黑洞视界的表面积，l_{p} 是普朗克长度，k_{B} 是玻尔兹曼常数。我们考虑最简单的黑洞解——施瓦西黑洞，其角动量和电荷都为零，质量为 M。施瓦西黑洞的熵和温度分别为：

$$S_{\text{BH}} = \frac{4\pi k_{\text{B}}GM^{2}}{\hbar c}$$

$$T_{\text{BH}} = \frac{\hbar c^{3}}{8\pi k_{\text{B}}GM}$$

黑洞温度正比于黑洞表面的引力强度，反比于黑洞质量。

　　但是，黑洞热力学同时带来了悖论。按照经典热力学理论，任何非零温度的物体都会辐射能量。黑洞吸收一切辐射，本质上是理想黑体，应该按黑体辐射频谱释放能量。但是，黑洞的强引力场阻止了其释放辐射。

　　如果我们用统计力学来诠释热力学熵，那么会发现这个悖论蕴含着更深刻的信息悖论。由于黑洞无法向外传递任何信息，因此对黑洞内部结构的探索就没有意义。尽管尚无严格证明，但很多物理学家相信，黑洞的性质由质量、电荷和角动量这三个宏观物理量唯一决定，这被称为"无毛定理"。无毛定理会带来非常严重的信息丢失悖论：一个具有复杂结构的物体和一个均质的物体，只要它们的总质量、电荷和角动量相同，那么它们被黑洞吸收后产生的贡献是相同的，物体所携带的信息完全丢失了。

量子力学为解决这个悖论提供了一个突破口。在量子力学中，由于不确定关系，真空并非绝对一无所有，而是不断地自发产生粒子和反粒子构成的虚粒子对，然后又在短时间内湮灭，释放能量。因此，真空中充满了能量涨落，称为"量子涨落"。当粒子对产生于事件视界附近时，可能出现一个粒子被黑洞吸收，它的反粒子逃逸出来的情况。由于真空的"无中生有"，在外部的观测者看来，黑洞似乎在向外释放粒子，这种现象称为"霍金辐射"。霍金认为，真空中的黑洞不但不会膨胀，还会随着向外释放粒子导致质量和半径都减小，最终消失，他称之为"黑洞蒸发"。但是，霍金辐射并不会解决信息丢失悖论。他认为，物体掉入黑洞后，它所携带的信息就永远丢失了，即使黑洞会辐射新的物质和能量，这个行为也与前者毫无关联，并不会恢复前者丢失的信息。不过，在 2004 年，霍金的想法发生了改变。基于弦论中流行的反德西特 - 共形场论对偶理论，他认为，尽管黑洞内部没有信息，但黑洞的边界，即事件视界，通过全息影像的形式记录了黑洞中的所有信息。而这些信息会随着霍金辐射重见天日。

不过，霍金辐射还停留在假说阶段。由于形成黑洞所需的星体质量太大，而黑洞温度与黑洞质量成反比，因此黑洞温度很低，辐射强度也就非常弱。目前还没有任何支持霍金辐射的直接证据。

宇宙学在 20 世纪经历了黄金年代，人们对宇宙的历史有了基本共识。21 世纪，引力波的发现再次振奋了宇宙物理学家，人们获得了窥见早期宇宙的全新信息通道。宇宙学尚存大量疑问：暗物质和暗能量究竟是什么？标准模型真的能在暴胀之初统一吗？引力和其他基本作用力在爆炸起点是统一的吗？宇宙诞生之初还有哪些只在极高能阶段才出现的机制？为什么会出现暴胀阶段？宇宙的最终命运如何？

宇宙的"终极问题"有两层含义：一层是一个包含一切物理理论的终极理论，另一层是宇宙演变的完整历程。在大爆炸模型中，这两个问题交汇成了一个问题。对大爆炸源头的回溯，意味着寻找更高能的理论，也就是寻找万物理论的钥匙。

第 7 章

逻辑实证主义

　　20 世纪之初的两场物理学革命，即相对论和量子力学，不仅颠覆了物理学大厦的根基，改变了人们对时空与物质的看法，也深刻地影响了人们对物理学的看法。物理学家在探讨"这个世界是什么样的"时，也在探讨"物理学应当如何讨论这个世界"。在本章中，我们聊聊这两场科学革命背后关于科学哲学的争辩。

　　我们从小接受唯物主义教育，相信物质是第一性的，世界万物的存在和运行不以人的意志为转移。但是，从认知的角度出发，你是否思考过另类观点的可能性？比如，思考这个问题："当没有人在看的时候，月亮存在吗？"这里的"看"不仅是指从视觉上看，而是泛指使用一切连接世界的感知渠道。考虑这样一种可能性：当月亮被观察时，它沿我们所熟知的轨道运行着；一旦所有观察渠道被切断，它就开始放飞自我、肆意遨游，甚至凭空消失，直到下一个被观察的时刻立刻归位于我们熟知的轨道上。一方面，你或许认为这个观点过于异想天开。如果月亮要通过时刻监视人的行为来决定自己的去留，未免也太辛劳了。但另一方面，我们无法在逻辑上完全排除这种可能性，毕竟我们关于世界的知识，都来自感知，即世界通过感知渠道向人投射的影像。我们如何确信，这些影像合起来构成准确、完整的实体对象？我们无法确信，只好先验地相信这种投射。此外，我们还得依赖一条非常强的假设，即世界是以人类可以理解的方式运行的。属于人的理性与逻辑和属于世界的运行规律之间，存在着某种先定的和谐。这种人与世界既独立又和谐的局面让爱因斯坦惊叹："这个世界最不可理解之处，是它竟然是可以理解的。"

　　如果你为这些质疑感到困扰，那么你可能是一个经验主义者。

仔细推敲"世界"究竟是什么，它无非是所有通过我们的感官通道传递给我们的信息总和。逻辑上完全存在这种可能性：当我们没有感知世界的时候，它是不存在的；每当我们重新开启感官通道，世界就照着原来的样子重新出现，并且给予我们强烈的稳定和连贯的印象，让我们以为世界是独立的实体。电影《黑客帝国》就构建了这样的虚拟世界：计算机模拟了真实世界传递给人的所有感官信息，直接刺激神经系统，让身处其中的人无法区分自己所处的究竟是真实世界还是被构造出的虚拟世界。哲学中著名的"缸中之脑"思想实验也描述了类似的场景。经验主义者并不否定感官范围以外的世界。它或许存在，或许不存在，无论怎样都不影响人关于世界的知识。应当将那些无法被感知的部分（比如没有人看时的月亮）从"知识"的疆域中排除出去。

在经验主义者眼中，"实体世界"本身对于知识而言并不那么重要。但是，人们通过感官获得的实体印象实在太强烈了，以至于很难抛弃这个诱人的设定。以时空为例，牛顿相信时间和空间是不依赖于观察和运动的绝对存在，一切运动都存在于这个先验的参考系中。他在《自然哲学的数学原理》的注释部分指出：

> 对时间、空间、位置和运动，我并没有下过定义，因为它们已为人们所共知。我只不过看到，一般人不是在别的观念下，而是从这些量和可感知的事物的联系中来理解它们的。这样就产生了某些偏见；而为了消除这些偏见，最好把它们区分为绝对的和相对的，真实的和表象的，数学的和普通的。

> 绝对的、真实的和数学的时间，按其固有的特性均匀地流逝，与一切外在事物无关，又名绵延；相对的、表象的和普通的时间，

是可感知和外在的对运动之延续之度量，它常常用来代替真实的时间，如一小时、一天、一个月、一年。

牛顿明确地指出，物理学中使用的时间不是真实的时间，而是对真实时间的一种替代。一天、一个月、一年，都是以可观察的天象为参照的度量。真实的时间是永恒流淌的，不依赖于任何参照物。尽管它无法被直接感知，却已被人们共知，不需要也无法下定义。

第 1 章详细介绍了爱因斯坦如何从光速恒定出发，定义时间与空间的度量，以及不同惯性参考系之间的时空坐标变换关系。爱因斯坦指出，应该将绝对时空这种脱离经验的概念从物理学的根基中清除出去。爱因斯坦的科学哲学观深受两个人的影响，分别是苏格兰哲学家戴维·休谟（David Hume）和奥地利物理学家、哲学家恩斯特·马赫（Ernst Mach）。作为一名强经验论与怀疑论者，休谟质疑归纳推理的理性基础。归纳推理的含义是，如果人们重复观察到足够多单个事件（比如“太阳每天东升西落”），就会将其上升为普遍真理，即全称命题（“太阳总是东升西落”）——这正是科学的基本逻辑。但是，归纳推理不可避免地要面临质变点：当看到第一只白天鹅的时候，你不会认为所有天鹅都是白的；但当看到第一万只白天鹅的时候，你会总结出**所有**天鹅都是白的。当你看到第几只白天鹅的时候，关于天鹅的知识发生了单称到全称的跃升呢？休谟指出，这个问题没有意义，因为归纳推理的基础不是理性。我们无法严格地**推导**出“所有天鹅都是白的”，我们甚至不应该通过理性得出“下一只天鹅大概率是白的”，因为这预设了“过去可以预测未来”的前提。

休谟进一步质疑因果性的逻辑基础。人们将两件事用因果性联系起来，不是因为别的，只是因为一件事（果）总是伴随着另一件事（因）而发生。因果关系本质上是一种时间序列上的归纳推理。正如其他归纳推理一样，因果联结无非是人脑通过大量"相继发生"的经验积累产生的印象。当因发生后，人们会预期果的跟随，这种心理预期就表现为因果性。与其说因果性是人们从经验中获得的知识，不如说它是人类神经系统长期养成的思维习惯。

休谟并不是反对使用归纳推理——这种反对不仅不符合人的思维习惯，而且会使科学寸步难行——他仅指出其基础不是理性，而是由于经验积累逐渐产生的概念的**联结**。而恰恰是这种联结，让人得以通过经验获得**知识**，不然人只能获得一堆互不关联的事实，无法将其拓展到全称命题，也就无法构建完整的世界模型，进而借助理性展开更复杂的演绎推理。

马赫对经典物理学的哲学基础抨击得极为猛烈。他在 1883 年写就的《力学史评》中以经验论为原则，挑战了诸多被前人视若圭臬的经典物理学观念，包括绝对时空观、质量的含义、力学先验论。

他认为，抽象的时间和空间没有意义。设想一个空无一物的宇宙，人在其中没有任何经验来获得空间观念。设想一个完全静止的宇宙，人在其中没有任何经验来获得时间观念。人所获得的时间观念，完全来自相继发生的事件序列（包括人自身的生理体验）。因此，世界呈现给我们的，其实是一系列照片。宇宙每动一下，就在我们的内心中留下一张照片；至于是第 10000 张照片和第 10001 张照片的时间间隔更长，还是第 10001 张照片和第 10002 张照片的时间间隔更长，这个问题没有意义。相邻照片之间的宇宙是不变的，因此它们之间无法给人时间流逝的经验。不存在与变化无关的时间。其实，亚里士多德在《物理学》中就提出过类似的观点：辨别不出任何变化的心灵是没有时间感的，时间是不可能脱离运动和变化的。这个观点随着牛顿绝对时空观的胜利而被抛弃。

仅有照片序列，还不足以形成时间观念。上册中的"热"一章告诉我们，气体的性质来源于杂乱无章地运动着的气体分子。设想你是一个气体分子，你所处的世界充斥着和你一样的气体分子，大家随机地横冲直撞，你无法观察到稳定、周而复始的现象。你所度过的一生，是混乱、混沌、随机的一生，只会产生"流逝"的观念（也就是对过去与未来的区分），而不会产生时间观念。

只有当获得一种稳定的循环经验后，你的内心才会产生对下一次类似经验的预期。这种经验可以是太阳东升西落，可以是单摆往复摆动，可以是脉搏，可以是呼吸。这种心理预期，就是时间观念，也是时间度量。以这些经验为基准，你才有可能判断蜗牛爬得很慢、猎豹跑得很快。这种经验是归纳的，而不是演绎的或先验的，因此不是理性的。

牛顿第一定律指出，当物体不受外力时，它会保持静止或做匀速直线运动。在理想的情形中，宇宙中没有其他物体，只有一个粒子孤零零地在绝对时空中沿着一条直线以匀速无限地运动下去。马赫认为，这个描述毫无意义。当你说"匀速"的时候，一定是用某个周期循环的经验作为时间度量，然后计算速度。如果宇宙中只有一个粒子，就不存在周期循环的经验，因而根本不可能产生时间观念，也就无法得出"匀速"的结论。

因此，速度、加速度这些运动量，与其说描述的是物体**本身**的运动，不如说描述的是物体在充满着周期循环现象的宇宙中，和其他物体的位置变化关系。上册中的"力"一章指出，质量和力的定义都来自加速度，因此质量和力根本上也来自物体和宇宙中其他物体的关系。单独讨论一个物体的质量是没有意义的。质量不是物体自己的属性。

既然如此，惯性参考系也失去了特殊地位，因为力和匀速运动这两个观念，都来自物体和整个宇宙的关系，而且是一种随着经验的积累逐渐形成的心理观念。这种观念既不绝对，也不先验。如果哪一天宇宙变成一团随机碰撞的气体分子，那么一切物理知识都会随着时间观念的瓦解烟消云散。

马赫进一步利用牛顿的"水桶实验"，针锋相对地反驳惯性参考系的特殊地位。水桶实验是牛顿提出的思想实验：设想一个装满水的水桶，水桶绕着轴线旋转，过了一阵，水会被带着转起来，由于离心力的作用，靠近轴心的水面会下凹。如果你是随着水流一起旋转的观察者，通过观察水面的形状，就可以判断自己处于非惯性参考系。马赫指出，水面下凹不是离心力的效果，而是水、水桶和整个宇宙中的其他所有物体相对运动的总和产生的效应。如果水桶静止，整个宇宙中的其他所有物体绕着水桶轴线反向旋转，那么我们一定会看到同样的水面下凹现象。因此，我们无法通过水面形状判断自己处于惯性参考系还是非惯性参考系，区分两者没有意义。这个推断后来得到了广义相对论的支持。

马赫还批判了力学先验论。他认为，力学之所以成为整个物理学的基础学科，仅仅是因为人们对力学现象的研究更早，力学理论成体系更快，更容易成为其他学科的参照和还原对象。这是一种依赖历史路径的演化结果。将力学现象和热、光、电、磁、声等现象区分开是极为欠妥的做法。自然界中不存在纯粹、不伴随其他现象的力学现象。随着人们总体经验的积累，以力学为基础的理论体系未必是最优的，力学不具备凌驾于其他学科之上的特权。

作为一种高层次的归纳和抽象能力，直觉在科学研究中扮演着重要的角色。人们总是在经验积累过程中产生知识，将知识酿造为直觉，然后在新的经验中审查直觉、更新直觉。知识和理论就在这个过程中迭代演进。直觉越强大，它渗入知识越深，越可能成为质疑的盲区。当理论遇到危机时，人们需要将直觉从讳莫如深的神坛上拉下来，仔细审视它的来龙去脉，有选择地用新的直觉取代它，构建新的理论体系。

马赫的思想深深地影响了包括爱因斯坦和海森伯在内的近代物理学革命旗手。一旦陈腐的教条被瓦解，那些繁复累赘的拯救尝试就立刻被简洁轻便的新观念所取代。然而，相对论和量子力学在经验论方向上走的路线不尽相同。

两者都不可能像马赫的批判那样彻底。如果时间被彻底取消，因果性化为乌有，那么物理学将举步维艰，一盘经验的散沙无法聚集成大厦。单纯的马赫主义立场不足以推翻经典理论。只有当理论遇到无法解释的新现象时，马赫主义才会作为纲领来指导科学革命的路线。改革者首先（如果不是唯一）挑战的，自然是新现象所针对的旧直觉。这在相对论看来是绝对时空和惯性参考系，在量子力学看来是连续谱和因果决定论。反过来，原子概念是否合理、因果决定论是否有效，这些都不影响相对论解决的问题，爱因斯坦丝毫没有必要去质疑它们。同理，是否存在绝对时空、惯性参考系是否特殊，这些也都不影响量子力学遇到的困境。因此，尽管两派都以经验论为一种实用而非教条的武器攻击经典物理学，但它们在完全不同的战场上进行。

物理学革命不是推翻直觉本身，而是用新的直觉代替旧的直觉。和量子力学相比，甚至和几乎所有其他物理理论相比，相对论的成型显得非常独特。它在诞生初期几乎不依靠任何实验结论（迈克耳孙－莫雷实验或许是唯一的例外），而主要依靠惯性协变性和等效原则。与其说爱因斯坦的工作是在实验的指导下完成的，不如说是发现了经典物理学内部的不自洽，用高层次的直觉推翻低层次的直觉。这种近乎思维体操的演绎推理能够成功，连爱因斯坦本人都感到不可思议。也正因如此，他对高层次的直觉更加深信不疑。广义相对论大获成功后，他将一个符合绝对因果律、独立于观测行为、可以用一套简洁优美的数学公式表述的宇宙奉为信仰。这个宇宙是爱因斯坦心中不容经验论质疑的存在。事实上，爱因斯坦从来不是一个彻底的马赫主义者，他认为教条式地遵从马赫主义对物理学来说是死路一条。对布朗运动和光电效应的解释都依赖于原子和光子这些在当时无法被直接观测到的粒子概念，而马赫是明确反对原子概念的。在狭义相对论中，爱因斯坦质疑牛顿的绝对时空观，取而代之的是另一个绝对的存在，即四维"时空"（spacetime）。

与相对论不同，量子力学则是由新的实验现象推动的理论。确实，经典物理学在一些问题上含糊其词（比如基本粒子的密度、发散的自势能等），但如果不是黑体辐射、氢原子离散光谱这些匪夷所思的现象，人们或许会更倾向于在原先的基础上改良理论，而不是撼动根基。更何况，从今天的视角看来，量子力学解决了一些理论内部问题，同时带来了很多新的问题（紫外发散、测量问题等）。从经典力学到量子力学，在解释现象这一点上毫无疑问是进步的，但在理论的完成度和符合直觉这两点上，恐怕是倒退的。

马赫的思想在20世纪20年代被"维也纳学派"和"柏林学派"的哲学家继承，开启了将近40年的"逻辑实证论"（logical positivism）运动。这场哲学运动不仅与两场物理学革命在时间上高度重合，参与运动的哲学家也和爱因斯坦及哥本哈根学派的物理学家交流频繁。逻辑实证论旨在提供一套科学方法论，认为科学理论只能讨论那些由逻辑编织起来的、可以通过观测所验证的论断。这并不意味着科学理论只能描述像时空坐标这些原初的可观测量，而是要求一切高层次的理论必须在逻辑上能够还原到关于可观测量的描述，从而在观测中接受检验；否则这些论断就是无意义的，或至少是"不科学的"——这与本书多次提及的"操作定义"一致。这个原则将形而上学、美学和道德判断排除出了物理学的范畴，在许多人看来也否认了在科学研究中探讨"真实世界"的价值，将物理理论视作一种"从观测到观测"的数学建构。物理学并不回答"世界是什么"，而仅仅告诉我们能在实验中观测到什么。这种区分在经典物理学时代并不显著，但在量子力学的基础问题上就尤为瞩目，成为爱因斯坦和哥本哈根学派的争论焦点。

在1905年发表了光量子的论文后，爱因斯坦还在继续思考其背后更本质的规律，他认为光量子模型只是一种权宜之计。这个模型越成功，爱因斯坦就越感到不安。事实上，他在人生的后50年里一直在思考光量子的本质。我们从这个角度可以看到，爱因斯坦尽管在方法上似乎是逻辑实证主义者，在内心里却是不折不扣的科学实在论者。"光量子的本质是什么"这个问题，并不在可观测的层面上，因为一切实验都已经被光量子模型解释了。一个彻底的逻辑实证主义者不需要关心"光量子的本质"这样的问题，因为这个问题无法通过实验观测来回答，不具备可操作定义。爱因斯坦显然不满足于这样的解释。在他看来，一个物理实体不应当有不同的解释，它们背后一定存在一个更为统一的机制，来呈现不同的形态。

玻尔将光量子概念引入原子模型，成功地解释了氢原子光谱，这令爱因斯坦更感不安。一个在较高能级的电子什么时候会释放能量而掉落到较低能级，这个行为是不可预测的，人们只能知道发生的概率。这严重违反了严格的因果决定论。在经典体系中，只要知道一个系统的所有细节知识，就一定能确定无疑地预测它在之后任何时刻的状态。而在玻尔的原子模型中，人们只能知道电子发生跃迁的概率。严格的因果性在这里完全失效了。爱因斯坦对此深感不安。他在给玻尔的信中写道："一个电子竟然会凭借自由意志选择跃迁的时间和方向，我对这种思想不可容忍……要是这样，我宁可当皮匠，也不愿意做物理学家。"

这种分裂的情绪伴随量子力学的发展愈加鲜明。德布罗意指出，不只是光子，一切粒子都同时具有粒子和波的性质。既然如此，那么将粒子通过极窄的缝隙，应该会观察到衍射现象，而通常情况下只有波才会产生这种效应。当这个设想被实验验证时，爱因斯坦对量子力学更感不安，尽管他事实上推动了波粒二象性理论。

事与愿违，哥本哈根学派在概率理论的道路上越走越远。薛定谔方程用波的形式来描述粒子的动力学，而玻恩解释称，这种波反映的正是粒子出现在某处的概率。与此同时，海森伯从另一个角度阐释玻尔的原子模型，并且发现一个更具颠覆性的特点：我们无法同时精确地知道一个粒子的位置和动量。对一个粒子位置的测量越精确，对其动量的测量就越模糊。不确定关系是物质的内禀属性，与测量技术无关。

和爱因斯坦相比，海森伯更积极地拥抱了逻辑实证主义，认为物理学应当避免那些无法观察、测量、证实的概念。在他看来，电子的完整运动轨迹是无法测量的，因此应当被抛弃。他所使用的矩阵方法，正是对可观测量的描述。和爱因斯坦的担忧相比，海森伯丝毫不为确定性的丧失而苦恼。相反，他拥抱这种颠覆性的理论基础，认为因果性的失效对于量子力学来说是必需的。

爱因斯坦此时已经坚信，一些不可观测的现象依然真实存在，他甚至明确地提出："相信一个不依赖于人的观察而存在的外部世界，是一切科学的基础。"爱因斯坦的这个信念，一部分来自他的宗教观。他在 1929 年给纽约犹太教堂的牧师哥耳德斯坦的电报回复中明确地表示："我信仰斯宾诺莎的那个存在事物的、有秩序的和谐中显示出来的上帝，而不信仰那个同人类的命运和行为有牵累的上帝。"爱因斯坦在相对论中看到了这种秩序与和谐，从而加深了他对"自然上帝"的信仰。

即使在哥本哈根学派中，人们采纳逻辑实证主义的立场也是出于实用，而非教条。在经典物理学家看来，摒弃电子轨道这个概念已经非常激进了，但在更激进的逻辑实证主义者看来，原子、电子等概念应该一并被抛弃。不过这种应用者的不彻底性并不是逻辑实证主义在 20 世纪中期衰落的主要原因，它本身有着严重的哲学问题。我们将在末章"科学的边界"里继续探讨这个话题。

第 8 章

复杂系统

无论是在经典力学体系中还是在近代物理学革命后的基础理论中，"生命"都是缺失的。这不仅是说物理学不研究生命现象——上册开篇在讨论物理学是什么时说过，物理学只研究最基础的自然现象。生命现象过于复杂，需要层层还原至更基础的学科，而每一级学科都有独特的研究方法。生命在物理学中缺失，更深刻的矛盾在于它和熵增图景背道而驰。热力学第二定律告诉我们，封闭系统的熵不会减少，系统会朝更混乱的方向发展。然而，生命呈现的是完全相反的发展方向：随着物竞天择的演化进程，生命朝着更多元、更复杂、更有序的方向发展，无论生命个体还是生态系统，都呈现出精妙的结构与动态平衡。时间在这里扮演着积极的创造者角色。注意，生命现象与热力学第二定律并不矛盾，因为演化总是发生在开放环境中。地球之所以欣欣向荣而不是一片死寂，主要是因为太阳源源不断地向地表辐射电磁能。尽管如此，我们仍然希望解答这样一些问题：开放环境为何会导致秩序自发出现？什么样的开放环境能够产生这样的结果？生命过程能否还原为几种关键的机制？

简单的规则如何产生复杂的结构？这类问题出现于许多领域。比如，每个人都以最大化个人利益为准则，衍生出复杂的经济体系；每只蚂蚁都遵循几种基本的指令，形成复杂的蚁群社会；气体热胀冷缩、交换热量，形成变幻莫测的气象；每个物种都力图延续其基因，从而演化出复杂的生态系统……

这些问题从 20 世纪起得到了广泛关注，统称为**复杂系统**。顾名思义，系统不是单一个体，而是由许多相似的个体构成的整体。在复杂系统中，个体之间的交互非常频繁，交互的逻辑相对简单。然而，在大量个体之间的交互下，整个系统涌现出复杂的结构，而当我们试图以还原原则重新聚焦少数个体时，却难以重现这种结构。与一个经过精密设计的复杂产品（比如汽车、计算机）不同，这种复杂性不是由中央智能统一设计和制造出的，而是由去中心化的群体行为自发形成的。系统成员的地位大体相同，每个个体的影响范围有限，没有一个统观全局的调度者。

通过刚才的例子可知，复杂系统并不是某个领域的分支，这个学科本身也没有明确的定义。人们在不同领域研究这些相似的现象和模式时，发现了许多共通的方法和模型，形成了一个松散的理论体系。

本章主要介绍物理学中的一些复杂系统问题。首先让我们回顾一下经典物理学的基本研究方法。

上册中的"粒子宇宙图景"一章讲过，物理学总是将研究对象拆分成完全相同的基本单位，然后将整体现象与性质还原为个体的行为。在这个过程中，我们主观地对研究对象做必要的简化，先验地排除我们认为不重要的成分和性质，在一个孤立的理想环境中进行研究。比如，在研究地球如何绕太阳公转时，我们不会考虑太阳系以外的遥远星球，尽管它们的质量可能远大于太阳。之所以这样做，是因为我们先验地相信世界可以被分割成互相孤立的子系统，只需研究空间上临近的物体即可。同时，我们忽略月球、金星、火星等附近的其他星球的影响，因为经验告诉我们，这些星球对地球公转轨道的影响很小。此外，我们还忽略地球和太阳的尺寸及质量分布，将它们看作只有质量、没有尺寸的质点，这是因为两者的尺寸和它们的间距相比很小，可以忽略。经过这一系列简化之后，研究对象变成两个没有体积、只有质量的点，一个绕着另一个旋转，除此之外空空如也。只有如此，我们才能通过天文数据推导出万有引力定律。注意，这三条假设都是在找到万有引力定律之前做的，也就是说，它们是出于直觉，而不是严格的计算。一旦万有引力定律确立，我们就可以验证这三条假设是合理的，但这并不能作为这些假设成立的理由，否则就会构成循环论证。

当人们找到基本粒子并了解基本作用力的规律之后，**理论上就**掌握了整个宇宙的奥秘。对于任何一个系统，只要掌握某个时刻的全部细节（也就是数学中说的"初始条件"），**理论上就**可以根据力学公式和牛顿第二定律严格推算出未来任何时刻的状态。然而，事实上这是完全不可行的。基本粒子实在太小，即使是肉眼可见的物体内的基本粒子数量也都是天文数字，对每个粒子进行精确计算远远超出人类的计算能力。好在这个问题在大部分情况下不构成困难，因为我们可以将所有粒子的性质（比如质量、动量、能量、电荷等）累加起来，将物体看成一个单元处理（比如研究天体运动时，我们只关心天体的总质量）。但是，即使对于少数单元，预测其运动状态所需的计算量也是惊人的，因为力学的基本逻辑是"走一步看一步"。当我们了解粒子在某个时刻的位置和速度时，可以用基本作用力公式计算出它在这个时刻所受到的力，然后通过牛顿第二定律计算出此刻的加速度，再计算一小段时间后的位置和速度（我们假设在这一小段时间里加速度不变）。通常情况下，力和加速度都不是常数，我们只能在时间上一小步一小步地前进，尽量减少误差。理论上来说，每一步经历的时间越短，积累的计算误差越小；步子越大，误差越大。因此，若要越精确地获得关于未来的信息，所需要的计算量越大。可见，"走一步看一步"的方法对于预测未来状态来说极其低效。

能够被人们精确掌握的宏观系统是非常有限的，它们必须符合非常严格的条件。比如，利用万有引力公式，人们可以精确地计算两个相互吸引的星体（忽略体积）的所有运动轨迹，但是一旦引入第三个星体，系统就变得极为复杂，这就是著名的"三体问题"。对双体问题来说，无论两个星体的质量比例、相对位置和相对速度如何，它们的运动都必然在一个平面内进行，两者的运动轨迹则必然是三种圆锥曲线之一：椭圆（圆是椭圆的特殊情形）、双曲线、抛物线，或者退化为直线。特别是，如果双体总能量小于零（注意，引力势能是负数），那么它们会限于一定空间范围内以椭圆轨道做周期运动。但是，如果三体被限于一定空间范围内运动，那么绝大部分情形下不是做周期运动，而是在三维空间里做毫无规律的混沌运动；即使在一些特殊情形下形成周期运动，也通常是不稳定的，略受扰动后就会偏离原来的周期轨道而变成混沌运动。

我们最熟悉的系统是稳定的平衡系统。这种平衡可以是静态的，比如碗底的小球，碗和小球都保持静止；也可以是动态的，比如生态系统，其中生物捕猎和繁殖活动不断进行，但群体规模维持稳定。**稳定的平衡系统是什么意思呢？**它指的是一个系统在受到一定扰动后，会回归到原来的平衡状态。比如碗底的小球，用手拨动一下，它会偏离平衡位置，然后在重力作用下落回碗底，由于惯性来回摆动，当摩擦力耗尽动能后回到碗底。相反，如果一个半圆形的碗倒扣在桌上，碗顶放着一个小球，通过非常仔细的摆放，可以让小球静止在碗顶；但是，对小球稍作扰动，它就会向着一边加速滑落，远离平衡状态。这种平衡是不稳定的。

此外，人们对近平衡系统也非常了解。近平衡系统是指当系统**略微**偏离稳定的平衡状态后倾向于恢复平衡，在平衡状态附近产生周期振荡的行为模式。比如，碗底的小球、弹簧、单摆都是典型的近平衡系统。这类系统又被称为线性系统，因为系统受到的回复力和偏离程度在数学上呈线性关系，比如弹簧所受的拉力与弹簧拉长程度成正比。对这类系统，人们可以用一套成熟的数学方法相当准确地计算出系统随时间的变化关系。

但是，当系统状态偏离平衡状态太远时，这套方法就不适用了。此时，除了"走一步看一步"的模拟方法，没有更好的方法。而我们已经知道，这种方法是非常低效的。恰恰是这种系统，呈现出许多非常奇特的性质。我们来看几个例子。

第一个例子是"瑞利－贝纳德对流"。设想一个盛装液体的平底容器，自然状态下液体和环境达到动态平衡。液体分子的随机碰撞可能使得某个区域的温度（也就是那个区域里分子的平均动能）暂时高于周围，但这种不均匀状态很快会通过分子碰撞而被扩散出去，使得该区域的温度回归到环境温度水平；反过来，如果某个区域短暂地冷了下来，那么周围的分子也会通过碰撞拉高这个区域的平均动能。这是一个稳定的平衡系统。

现在将容器底部均匀加热，最底层的液体分子受热后运动加剧，通过碰撞将动能传递给上一层液体分子。上一层液体分子获得动能后继续向上传递，直到顶层液体分子将热量释放给环境。当液体的热量达到收支平衡时，液体在竖直方向上形成温度梯度（见图 8-1）。如果底部温度没有比环境温度高出太多，液体就处于一种新的动态平衡。

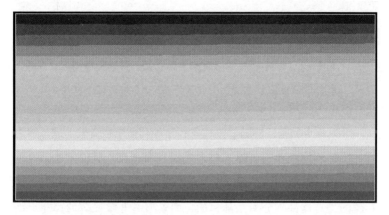

图 8-1 热传导温度梯度（见彩插。红色代表高温，蓝色代表低温）

　　如果继续升高底部温度，那么这种温和的热传导方式已经无法满足能量传递的需求了。此时，传热效率更高的对流现象产生。底部的液体受热后会膨胀，因此其密度减小，这样浮力就会超过重力，使得液体上升。当上升到容器的上部并与周围较冷的液体接触后，液体会降温，于是密度增大，使得其浮力小于重力，液体下沉。液体下降至底部后遇热再次膨胀……如此循环往复，形成对流（见图 8-2）。在对流运动中，无数"小液包"扮演了"热量中介"的角色，将底部的热能高效地传递到顶部。

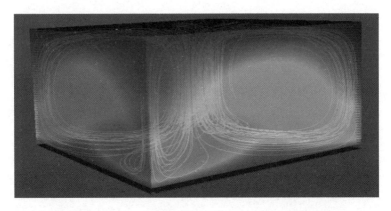

图 8-2　瑞利 - 贝纳德对流（见彩插。红色代表高温，蓝色代表低温。本图在 CC BY-SA 3.0 许可证下使用）

令人惊奇的是，伴随对流现象，一种几何结构自发形成。因为同一个区域的液体不可能同时向上流和向下流，所以上述上升 - 下降循环一定在不同区域产生，整个平面因此被划分成不同区域。有趣的是，这种划分不是随机的，而是有着非常显著的尺寸与结构。沿着水平方向看，液体形成顺时针或逆时针的环流；从上往下看，上升与下降发生的位置构成元胞形状的边界（见图 8-3）。

由于容器形状相当对称，容器底部和顶部的环境温度也非常均匀，因此这种元胞结构是局部温度涨落引发的**自发**对称性破缺。一方面，元胞在哪里形成，一个元胞有多大，呈现什么几何形状，这些都比较随机。在同样的环境中重复多次实验，会得到不同的图案。另一方面，贝纳德元胞在整体上又呈现出相对统一的几何结构与尺寸，常见的有六边形、波浪形、方形、螺旋形。而且，这种结构是比较稳定的。一旦局域的对流结构形成，微小的扰动就不会显著改变对流和元胞的结构。

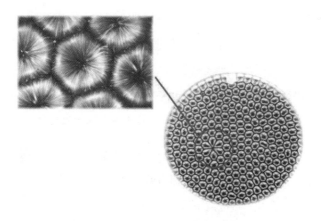

图 8-3　不同图案的贝纳德元胞

从热传导到热对流的突变归因于原本稳定的温度梯度在温度升高到一个临界点后变得不稳定了，即发生了**相变**。这个临界点由诸多因素决定：容器尺寸、重力加速度，以及液体的热膨胀系数、黏度、密度、热容、热传导率等。这些量，加上温度差，可以组合成几种无量纲量（物理单位互相抵消的组合量），其中决定对流现象的主要是瑞利数：

$$Ra = \frac{g\beta}{\nu\alpha}(T_{b} - T_{u})L^{3}$$

其中，g 是重力加速度，β 是热膨胀系数，ν 是运动黏度，α 是热扩散率，T_{b} 和 T_{u} 分别是容器底部和顶部的温度，L 是容器尺寸（比如底面的边长或直径）。可见，升高温度时，T_{b} 增大，瑞利数增大，直到达到临界点，形成对流。瑞利 - 贝纳德对流涉及非常复杂的流体力学问题。如果分析每一个局域液包的受力与热量传递，那么我们可以写出流体流速构成的矢量场和温度构成的标量场必须满足的方程组。这是一个非常复杂的非线性方程组，即使在一定近似假设下（比如流体密度涨落不太剧烈），我们也只能解出流速和温度梯度不太大的弱场情形（线性近似）。当瑞利数达到临界值时，方程组会出现空间上的周期解，也就是循环图案。计算结果表明，这个临界值在 1000 数量级。这个结论和实验结果相当吻合。

瑞利 – 贝纳德对流现象在自然界中非常常见，例如云、洋流、地幔运动等。它们都是流体层两边温差引发的对流现象。以云为例，较热的空气上升，遇冷后下降，循环往复产生对流。云就是空气中的水蒸气遇冷液化后形成的水汽凝结物。这个过程涉及水的气液相变及不同物质间的热量交换，比刚才描述的单一液体对流过程复杂得多。云的具体成因很多，形状也非常丰富。有一类云是由瑞利 – 贝纳德对流现象主导的，称为"高积云"（见图 8-4），包括层状高积云和絮状高积云，它们的图案和贝纳德元胞非常相像。

图 8-4　高积云（本图在 CC BY-SA 3.0 许可证下使用）

当温度超过临界点后继续升高时，瑞利数继续增大，方程组中的非线性项占据主导地位。原本温和、有序的对流（称为"层流"）逐渐加剧，变成复杂、剧烈的对流，称为"湍流"。我们可以用河流来解释层流和湍流的区别。设想河流中有一根静止的柱子，当河水的流速不太大时，水流绕过柱子后形状不会发生太大变化。但是，当水速很快时，水流绕过柱子后会迅速填补柱子后方的真空区域，形成涡旋模式。当瑞利数极大时，瑞利－贝纳德对流也呈现出类似的湍流图案（见图 8-5）。

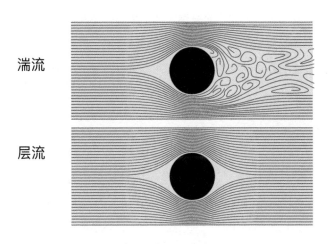

图 8-5　层流和湍流

　　层流向湍流的相变是近年来流体力学研究中的热门课题。当瑞利数极大时，非线性项在方程组中占主导地位，求解变得非常困难，只能通过数值求解获得一些定性结论。湍流乍一看一片混沌，但它在大尺度和长时间上呈现出显著的模式。人们不仅对非线性方程组进行数值求解，还发展出一系列"分岔理论"以理解瑞利－贝纳德对流的形成机制。正如热传导变成对流的过程那样，随着瑞利数增大，方程组中的非线性项使得原本稳定的层流变得不稳定，发生自发对称性破缺，产生相变，形成湍流。瑞利数继续增大会引发一系列后续分岔，让湍流结构变得越来越复杂。

流体的黏性是影响湍流的主要因素。在瑞利－贝纳德对流中，液包由于热胀冷缩产生密度差，导致重力与浮力不等，从而产生相对流动。在河流的例子中，没有温度差（于是流速场和温度场构成的方程组简化为流速场的力学方程），障碍物表面与流体的黏性拖慢了流体在障碍物表面附近的流速，与远处的恒定河流产生相对流动，诱发湍流。因此，研究湍流现象主要考虑流体密度、流速、流体黏度、研究对象的特征尺度（如管道尺度、障碍物的尺度、离障碍物表面的距离）等物理量。这些量可以组合成一个无量纲量，即雷诺数：

$$Re = \frac{\rho u L}{\mu}$$

其中，ρ 是流体密度，u 是相对流速，L 是特征尺度，μ 是动力学黏度。当雷诺数较小时，流动相对平缓，以层流为主；当雷诺数增大到一个临界点时，流体进入层流和湍流并存的过渡期，越过下一个临界点后进入湍流主导阶段。可见，黏度越小的流体（比如水），越容易形成湍流。不同场景的临界雷诺数不同。对于流经管道的流体，特征尺度是管道直径，雷诺数达到 4000 即可进入湍流阶段；对开放平面（比如机翼）附近的流体，特征尺度是液包离平面的距离，临界雷诺数在 200 000 数量级。

虽然湍流问题的形式很简单，但由于非线性项产生的影响非常复杂，因此研究起来异常困难。描述流体动力学的纳维－斯托克斯方程早在 19 世纪初就已被提出，但其中的非线性项让人们一筹莫展。在过去一百多年里，借助数学工具的发展，湍流理论有了长足的进步。但是，人们对于如此简单的方程为何能够产生如此复杂的几何结构，依然缺乏系统认识。

仔细观察河流里柱子后方的湍流图案，我们会发现它们呈现出非常美妙的几何结构，而且随着流速变快，一种结构会演变成另一种结构（见图 8-6）。注意，决定不同图案的仅仅是流速这一个因素，或者更确切地说，是雷诺数这一个因素。

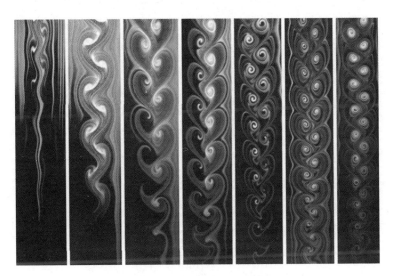

图 8-6　不同的湍流图案
（本图的使用已获得作者 An-Bang Wang 授权）

即使只改变微观机制中的一个参数，也会催生出各种复杂的宏观结构。这种结构并未在原本的微观机制和宏观边界条件中存在，它完全是流体自发形成的。这是典型的"自组织现象"。开放系统自发催生出结构，是一个反熵增的过程，是从混沌中创造出秩序的过程，是一种类似生命的过程。如果解密了基本作用力的所有**规则**，却对这些规则催生出的**秩序**一无所知，那么我们无法自信地宣告物理学解释了宇宙的终极奥秘。

除了自发形成秩序，复杂系统的另一个常见特征是不可预知性，即初始状态和边界条件的微小改变可能引发截然不同的效果。"蝴蝶效应"是对这种特征的形象比喻：一只蝴蝶在巴西轻拍翅膀，可以导致一个月后美国得克萨斯州的一场龙卷风。这类性质最早由美国气象学家爱德华·诺顿·洛伦茨（Edward Norton Lorenz，不是提出洛伦兹变换的那位）在 1961 年提出。他在用计算机模拟大气现象时发现，将输入数值改变不到千分之一，竟然得到完全不同的结果。

蝴蝶效应与机械宇宙图景格格不入。因果决定论是经典物理学的核心观念。原则上，当初始状态（所有粒子的位置和速度）确定时，整个宇宙在之后任何时刻的状态就都被牛顿第二定律和力学公式确定下来了。当然，我们事实上无法以任意精确的方式观察世界。因此，我们直观地将因果决定论**放宽**：当初始条件的改变幅度非常小时，演化出的宇宙不应该偏离太多。

对于简单的系统，这个论点是合理的，因为几乎所有动力学方程在数学上都是连续且可微的。比如，单摆的周期实际上和最大摆角有关，摆角越大，周期越长。好在，即使我们对摆角的测量不那么精确，对周期的计算也不会偏离太多。单摆周期问题对我们来说符合放宽了的因果决定论。

但是，如果系统面临自发对称性破缺，质变就发生了。考虑一个由杆子（而不是绳子）连接摆球的单摆，理想情形下没有摩擦损耗，能量守恒。如果摆角略小于 180 度（见图 8-7a），那么摆球在到达顶点之前速度就降为零，在重力作用下沿着原路径返回，往返摆动。但是，如果摆球速度再大一些，它就会越过顶点，转而做圆周运动（见图 8-7b）。可见，摆球速度的微小变化，会让摆球的运动轨迹发生质变。这显然不符合放宽了的因果决定论。

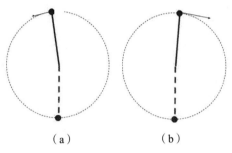

（a）　　　　　　（b）

图 8-7　单摆的相变

许多复杂系统是这种对初始条件敏感的动力学系统。如果这种系统存在几种结构不同的稳定解，那么随着初始条件的微调，系统就会从一种结构突变成另一种结构。瑞利 - 贝纳德对流和湍流就是典型的例子。当不同系统互相交互时，一个系统的突变又会引发其他系统的突变，产生复杂的结构与秩序。生命就是这样一种反因果决定论、反熵增、复杂、层级化的自组织结构。

虽然强调还原论对于科学（特别是物理学）的重要性，但我不想给你留下这样的错误印象：当理论 A（比如化学）可以还原为理论 B（比如物理学）时，A 就失去了它的存在价值，因为 B 包含了A 的所有知识。复杂系统启示我们，基础理论对于理解系统常常帮助甚微，特别是在大尺度（包括子系统的数量和时间尺度）下，B还原 A 的能力完全不等同于 B 重建 A 的能力。事实上，在物理学内部，许多研究仍然专注于非基础理论领域，如凝聚态物理、等离子物理等。由于我本身从事的是基础理论的研究，因此没有展开讨论这些领域。

理解秩序的**涌现**，是从物理学进阶到生命科学的关键。美国物理学家费曼在他的著作《费曼物理学讲义》中指出，真正理解方程所包含的性质，将标志着人类的下一次智识觉醒。今天，人类凭智慧已经找到了薛定谔方程；在下一次觉醒到来之前，人类对自然的认识将仅限于此。

第 9 章

时间箭头

复杂系统为一个更宏大的问题提供了新的思路，这个问题是：时间具有创造性还是毁灭性？在本章中，我们整理一下前面各章中的理论，探讨"时间箭头"问题。

我们将时间拉回到经典物理时代。上册一开始就强调，时间与空间是物理学的舞台，一切物理现象都必须归结于时空舞台上的事件序列。在经典力学中，时间与空间都是绝对、不依赖于任何运动的存在。三维空间是各向同性的，没有任何一个方向有特殊的地位——这个先验假设被人们毫不费力地接受，至今没有受到质疑。一维时间只有未来与过去两个方向。这两个方向在物理学中的地位相同吗？这个问题要比空间的对称性更值得讨论。这就是"时间箭头"问题：时间是否像箭头一样，暗含着从过去到未来的特定方向？过去与未来是否在物理理论中有着本质的区别？

从心理角度感知时间，它毫无疑问是有方向的。人们对过去有记忆，对未来有预期，可过去是已定且不可更改的，而未来仍充满未知、希望和恐惧，人们有能力通过当下的决策来影响未来。

上册中的"对称"一章介绍了一类离散对称：时间反演对称。如果将一个系统中的所有时间都换成它的负值（时间前进与时间倒退互换），理论依然成立，那么我们称这个理论符合时间反演对称。牛顿三大定律和能量、动量、角动量守恒，都符合时间反演对称。四种基本作用力中，除了弱力，引力、电磁力、强力也都符合时间反演对称。如果不考虑亚原子力（强力和弱力在经典物理时代还未被发现），那么经典力学是严格符合时间反演对称的。经典力学的因果决定论对心理上的时间箭头也有完美的解释：此刻的世界状态是确定的，这意味着整个宇宙的历史和未来都可以通过牛顿第二定律与力学公式推导出来。于是，未来就像过去一样确定无疑。人们之所以在心理上对未来充满未知，是因为对此刻的世界缺乏细节上的精确刻画，因此无法精确地预知未来；而历史仅仅是对已经发生的事情的记录，因此不存在不确定性。世界是被此刻决定的，人的行为也是。自由意志是一种幻觉，无论你做了什么决定，它都是被事先决定好的。

近代物理学在时间箭头问题上总体保留了牛顿力学的反演对称。相对论不仅保留了时间反演对称，甚至将时间与空间融为不可分割的四维时空，流动的时间变成静止的流形，时间被彻底空间化，那么自然不存在时间箭头。量子力学比较复杂。一方面，描述量子态演化的薛定谔方程是符合时间反演对称的；另一方面，哥本哈根诠释下的测量是一个不可逆的坍缩过程，而在退相干和多重宇宙等其他诠释下，尽管在所有宇宙看来不可逆的坍缩没有发生，但对观测者而言，进入某个分支宇宙依然意味着他／她所感知的时间发生了不可逆的改变。

无论如何，暂时抛开测量问题不谈，描述宇宙变化的力学规律依然符合时间反演对称（弱力除外）。时间箭头还是不存在。

第一次让时间箭头登堂入室的不是力学，而是热学。上册中的"熵"一章从不可能的第二类永动机出发，介绍了具有明确时间箭头的热力学第二定律：不可能把热量从低温物体传递到高温物体而不产生其他影响，也不可能从单一热源吸收能量，使之完全变为做功而不产生其他影响。基于这个定律，通过构造卡诺循环，我们定义了"熵"这个描述物体状态的普适热学量，并且定义了普适的温度。我们随即指出，封闭系统的熵在可逆过程中不变，在不可逆过程中变大。因此，热力学第二定律又被称作熵增定律，时间首次出现了明确的方向：它总是指向熵不减小的方向。我们总是看到半杯热水和半杯冷水混合成一杯温水，但从未看到一杯温水自发地分离为半杯热水和半杯冷水。

热学的时间箭头与力学的时间反演对称得以共存，在于它们在当时是不同的学科。随着分子理论的发展，温度、压强等热力学量被解释为微观粒子的统计性质，热学被还原为统计力学，纳入到力学麾下。人们一方面为两个学科的统一而庆贺，另一方面却面临着时间箭头的悖论。熵在统计力学中意味着什么？熵增定律与力学的时间反演对称如何协调？

"熵"一章详细介绍了熵的统计含义。一个宏观状态的熵，代表了构成这个宏观状态的微观状态数。熵增的含义是，系统总是朝着微观状态数更多、概率更高的宏观状态发展。统计力学中的熵增与分子运动的时间反演并不矛盾，因为它们在不同的层次描述物理世界。当我们面对一个更高层次的现象时，必须主动放弃微观层面的细节，用概率来描述对象。时间箭头就在这种知识的萃取中被不可避免地引入了。

但这个解释并不足以让我们对宏观世界的时间箭头视而不见。熵增定律带来一幅令人绝望的宇宙图景：既然宇宙无所不包，那它就是一个封闭系统。宇宙中的不可逆事件无时无刻不在发生着，这是否意味着随着时间的推移，宇宙的熵不断增大，最终达到均匀、无序、平庸的热寂状态？

这个问题从 19 世纪起获得了新的视角。达尔文的伟大工作为生命提供了演化的图景。在自然选择的压力下，生命从简单到复杂、从单一到多元演化。如今，科学家已经普遍接受，生命不是上帝精心设计的作品，而是漫长、无目的的演化过程的产物。随着人类文明的发展，我们普遍抱有一种进步和积极的心态，并相信从物质条件、科学、技术、思想、社会结构，到对身体和自然的掌控能力等各方面，总体上向着更加成熟、高级和强大的方向发展。人们对时间的总体态度是乐观的，认为它带来希望、机遇、发展，而不是"陋室空堂，当年笏满床；衰草枯杨，曾为歌舞场"的悲观态度。

在封闭系统中，时间扮演着毁灭者的角色，一切秩序随着熵增灰飞烟灭。但是，第 8 章指出，在开放环境（比如底部受热的液体）中，简单的动力学规则会让远离平衡态的系统自发地衍生出结构与秩序，时间在这里扮演着创造者的角色。比利时物理学家、化学家伊利亚·普利高津（Ilya Prigogine）致力于在物理学中重新确立时间箭头的地位，他发展出了一套"耗散结构"理论。普利高津并不质疑牛顿体系的基础规律，而是将其纳入更宏大的图景之中，指出微观层面的机械宇宙图景并不能被肆意扩张到任何尺度。这幅宏大图景一方面与牛顿体系相容，另一方面呈现出全新的逻辑，而且可能是更符合日常体验、更普适的逻辑。

耗散结构指的是远离热力学平衡态的开放系统，它能从混沌中自发产生秩序。因为它研究的是开放系统（系统与环境之间不断交换着物质与能量），所以与封闭系统中的熵增定律不矛盾。恰恰相反，普利高津指出，在耗散结构中，熵是有序的根源。耗散结构既不是完全决定性的，也不是完全混沌的，而是由随机性与决定性共同塑造的系统。

这里需要再次强调一下，我们在"熵"一章中定义的熵，基于这样一个假设：系统处于热平衡态，或者处于准热平衡态，即系统变化的速率远远低于达到热平衡态的速率——这个假设对于热力学熵和统计学熵都适用。但是，对于非平衡系统，特别是远离平衡态的系统，这个定义就不适用了。熵增定律确实可以用来描述剧烈的非平衡变化，但是它仅表述了分别处于平衡态的初态和末态的熵的大小关系，而无法定义和描述变化过程中的熵。因此，热力学第二定律只能告诉我们熵经历了不可逆过程后会增大，至于某个具体的不可逆过程贡献多少熵增量，我们无法从动力学过程推导出来。人们尝试以熵的热力学性质或统计性质为基础，从不同角度出发，扩展熵在非平衡态中的定义。每次尝试得到的定义适用于某些特定的过程或限制，而且在一定程度上共享平衡态熵具有的性质，但人们对"非平衡态熵"这个概念尚未达成共识。

这个区分也可用于质疑宇宙热寂的观点。如第 6 章所说，我们所处的宇宙正在膨胀，宇宙温度随之降低，它不是一个稳定、静止的系统。此外，引力本身有自聚集效应，质量密度大的区域会吸引周围的物体，自发凝聚成星球、星系，这和气体分子的碰撞行为会抹平局部差异相反。引力系统不是平衡系统，也就无法定义熵。

回到耗散结构。普利高津的做法是从热力学出发，将非平衡过程中的熵增区分为热交换熵增（对应可逆过程）和绝热熵增（对应不可逆过程）两部分，后者归因于一系列描述不可逆过程的共轭量，每对共轭量由广义的"热力学流"（例如热流、扩散流、化学反应）和与之对应的广义"热力学力"（例如温度梯度、密度梯度、化学势）构成。在平衡态下，热力学力为零；在稳定平衡态附近的微小涨落下，热力学力与热力学流线性负相关（就像弹簧拉力和弹簧形变的关系），这会将涨落拉回到平衡位置，保持系统的稳定。但是，随着开放系统不断与环境交换物质和能量，熵函数的结构发生变化，原本稳定的平衡可能变为不稳定平衡，热力学力在扰动下产生的效果是将扰动放大，产生雪崩效应。想象原本向下凹陷的碗逐渐变平，然后变成凸起，此时碗中央的小球在扰动下会立刻朝着某个方向滚落。碗的平坦状态是稳定平衡变为不稳定平衡的临界状态（见图9-1）。

稳定平衡   临界点   不稳定平衡

图9-1 稳定平衡变为不稳定平衡

当系统处于稳定平衡态时，其演化过程在宏观上是确定的。当它到达一个分岔临界点时，随机涨落会让系统以一定概率选择某一条分支。在这条分支上，系统进入一个新的亚稳定态，按某条确定的路径发展，直到到达下一个分岔临界点……系统的结构与秩序就在这种偶然和确定的交替过程中自发产生。

普利高津的时间观念深受20世纪初法国哲学家亨利·贝格松（Henri Bergson）的生命哲学的影响。贝格松认为，理性与分析无法把握世界的真实样貌，无论是哲学还是科学，通过概念和逻辑建构体系是对人和世界本体性的消解。物理学客体化、空间化、去质化的时间是对时间的降格。还原论看似是获得普适规律的有效途径，实则只能获得僵死的残骸，真实的世界早已在机械论的肢解中死亡。他强调时间不应当是物理学描述的静止、离散的片段序列，而应当是连续、丰富、充满质的差异的个人体验，称为"绵延"。只有将这些"绵延"的直觉综合起来，人才能把握生命的本质。贝格松创立的时间图景是进化、开放、反决定论和目的论的，意识绵延和不断创造的冲动构成生命本体。这种冲动不仅限于人，生物演化就是生命的原始冲动在大的时间尺度和空间尺度上的展现。

无论是熵增定律的热寂图景，还是耗散结构的演化图景，概率都处于核心地位。不同的是，在熵增定律中，概率是为了获得高层次知识而必须选择的"主动无知"策略，熵被视作一种刻画信息的量，游离在物理实体与主观认知之间。但是，在耗散结构中，概率扮演着动力学的角色。随机涨落在这里不只是描述对细节的不确定性，而是促使系统选择分岔路径、产生秩序的核心驱动力。概率不再只是物理学的描述工具，而是理论的基础属性。

耗散结构充满了自发对称性破缺过程，这些过程在另一幅更宏大的图景中也扮演了重要角色，那就是宇宙大爆炸。这幅图景包含另一个与时间箭头密切相关的理论：量子力学。

第 3 章指出，量子理论可以分为两部分：薛定谔方程和测量。薛定谔方程描述的量子态的动力学过程，与牛顿第二定律描述的粒子的动力学过程是同构的，只是将粒子替换成了有待诠释的波函数，为粒子赋予了波动性。因此，薛定谔方程和经典力学一样，符合时间反演对称。真正具有时间不可逆性的是测量。无论是哥本哈根诠释还是多世界诠释，都无法绕开测量带来的量子态的不可逆坍缩。描述量子态的波函数，也因测量结果而被赋予概率的含义。注意，量子力学的概率描述与统计力学完全不同，后者是忽略细节知识的宏观描述（系统终究可以还原为确定的粒子轨迹），而前者则无法进一步还原。贝尔实验否定了以爱因斯坦为代表的隐参数学派，奠定了概率作为内禀属性的地位，量子态波函数作为物理实体被普遍接受。

测量问题的真正困难在于，量子理论无法兼顾完备性与自洽性。如果测量行为可以还原为薛定谔方程，那么测量行为带来的不可逆性从何而来？坍缩导致信息丢失，那么信息去了哪里？如果无法还原，那么是否存在一个更基础的理论，薛定谔方程和测量行为都由它推导而来？这个基础理论符合时间反演对称吗？

这个矛盾听上去很像热力学还原为统计力学后所经历的矛盾。如今，人们依然没有解决测量带来的时间箭头困难。但是，相比"观测导致坍缩"这样强烈的人类中心论调和先验的观测者 - 观测对象边界，人们更愿意寻求一个符合动力学过程的解释，比如退相干理论。

抛开测量问题不谈，量子力学的概率属性在宇宙大爆炸早期扮演了重要的角色。宇宙大爆炸过程本身就包含时间箭头。它打破了爱因斯坦早期认为的静态宇宙，为宇宙赋予了一段有开端的生命旅程。宇宙，连同时间一起，不再是永恒、静止的存在，而是从一个奇点开始，成长为今天这个样子。第 6 章呈现了早期宇宙经历的几个阶段，其中有些形成了今天的基本粒子和基本作用力，有些留下了早期演化的痕迹（微波背景辐射）。今天人们普遍接受这样的观点：当今宇宙的局部不均匀，归根结底都源于宇宙大爆炸之初的真空量子涨落。根据量子理论，真空并非空无一物，而是在不断、随

机地发生着粒子 - 反粒子对的产生与湮灭过程。这个过程发生得极快，其生命周期与粒子对能量符合海森伯的不确定关系。有些粒子对在湮灭前随着宇宙的暴胀而迅速放大，打破了真空的各向同性。可见，量子力学的概率属性，即使不通过测量，也会由于自发对称性破缺而产生不可逆的效应。这一点与耗散结构异曲同工。随着宇宙的冷却，基本作用力、基本粒子、物质质量、分子、大分子、星球和星系在自发对称性破缺下逐渐形成，然后在局部的开放系统中又产生耗散结构，不断形成新的结构与秩序。宇宙的演化在各个时期与各个层次都呈现出鲜明的时间箭头。

如第 8 章提到的湍流的例子所示，时间的创造性常体现在通过简单规则产生复杂结构的过程中。复杂系统的普适性，体现在这种规则未必是物理规则，还包括经济规则、生态规则、社会规则等多种类型的规则。归根结底，它们都是数学规则。本章最后介绍一个非常有趣的数学游戏：康威的"生命游戏"。

生命游戏属于"元胞自动机"，它是英国数学家约翰·霍顿·康威（John Horton Conway）在 1970 年设计的一个简单的二维演化规则。之所以被称为"生命游戏"，是因为它可以比喻为族群繁殖。设想一张无限大的二维网格，每个格子代表"存活"状态或"死亡"状态，分别用黑、白表示。每个格子都有 8 个邻居（上、下、左、右，以及 4 个对角）。每个格子下一步的状态由它此刻的状态和 8 个邻居的状态唯一决定。所有格子都同时演化到下一步。具体规则如下所述。

- 如果一个"存活"的格子周围的存活邻居少于 2 个，那么它下一刻死亡（濒危）。

- 如果一个"存活"的格子周围的存活邻居有 2 个或 3 个，那么它下一刻存活（繁衍）。
- 如果一个"存活"的格子周围的存活邻居多于 3 个，那么它下一刻死亡（过度繁衍）。
- 如果一个"死亡"的格子周围的存活邻居等于 3 个，那么它下一刻存活（复活）。

在设定好初始状态后，这组规则会衍生出一些基本的模式。最简单的是静止模式（见图 9-2），即一个图案经过一步演化后不变（因此它永远不变），如"砖头"和"蜂窝"。以"砖头"为例，因为每个存活的格子（黑块）周围都恰好有 3 个存活邻居（黑块），所以它们下一刻都存活，保持不变。对每个死亡的格子（白块）来说，其存活邻居的数量分别是 1 或 2，不满足复活条件，因此下一刻仍然处于"死亡"状态。

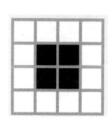
"砖头"

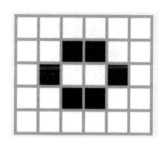
"蜂窝"

图 9-2　静止模式

相对复杂一些的是振荡模式，即几个图案交替振荡，例如"闪烁"（周期为 2，见图 9-3）和"脉冲星"（周期为 3，见图 9-4）。

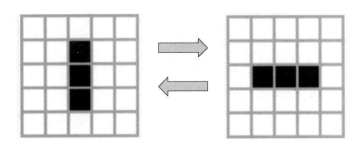

周期为 2

图 9-3 "闪烁"模式

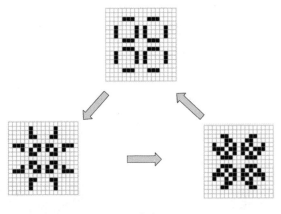

周期为 3

图 9-4 "脉冲星"模式

另一种有趣的模式是"滑翔机"模式（周期为 4，见图 9-5）。除了周期振荡外，图案还会沿着某个方向平移，比如向着右下角平移（你可以自己在纸上画一下，或在一些模拟生命游戏的网页上测试）。

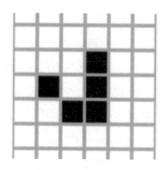

周期为 4，向右下角平移

图 9-5　"滑翔机"模式

有了这些基本模式，就可以组合出非常有趣的结构。比如，"机枪"模式会源源不断地发射出"滑翔机"模式构成的"子弹"（见图 9-6）。

除了一些简单的模式，大部分令人惊叹的复杂模式是精心设计出来的。如果在一张二维网格上随机生成初始状态，那么大部分情形下会终结于几种简单的静止模式或振荡模式。尽管如此，人们还是惊叹于如此简单的规则能产生如此复杂的结构，并乐此不疲地构造它们。

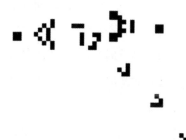

图 9-6　"机枪"模式（本图在 CC BY-SA 3.0 许可证下使用）

物理学家、计算机科学家、创业家斯蒂芬·沃尔弗拉姆（著名的 Wolfram 公司创始人 Stephen Wolfram）醉心于各种元胞自动机产生的丰富结构。他提出"计算不可还原性"（computational irreducibility）原则：元胞自动机产生的复杂结构，是无法从游戏规则和初始条件通过某种系统性的方法推导出来的；想知道最终会生成什么结构，只有一个方法，那就是一步一步地计算，没有捷径。计算过程不可能还原到更简单的方法。沃尔弗拉姆大胆地猜测，真实物理世界的结构其实是可以用这样的简单规则通过计算涌现出来的，只要能将元胞自动机呈现的模式与物理概念和性质对应起来即可（比如"滑翔机"可以被看作在不受外力作用的情况下做匀速直线运动的物体）。不过，他的猜想还处于相当初级的探索阶段，无法做出任何可以被实验验证的预测，还称不上是物理学研究。

时间箭头问题，从一个基础理论的时间反演对称性问题开始，在最近一两百年内获得了许多新的视角：熵增、热寂、量子力学测量问题、宇宙大爆炸、自组织与耗散结构……这些视角扩展了人们对物理学的认识。我一开始在上册中向你呈现的时间，是空洞、去质化、抽象的时间，是一无所有、作为容器和舞台的时间。这其实是非常乏味无趣的时间图景。每个文明初期都充满着对时间的原初体验，但随着近代科学和工业文明的发展，这些丰富的质料都被抽离出去，剩下无尽、空虚的抽象时间。令人欣喜的是，时间的再发现为物理学提供了新的生命力。

第 10 章

科学的边界

　　从时空尺度上来看，物理学可谓是最成功的科学门类。从微观世界的亚原子到宏观世界的星体，从极短的普朗克时间到极长的宇宙年龄，物理学涵盖了人类能够触及的所有尺度，没有其他学科能在广度上企及物理学。同时，物理学又以几组精简的公式，极其精确地描述并预测了人类在实验室和自然界中观察到的几乎所有基础现象。许多物理理论被用于技术领域，这不仅使人类拓展了认知世界的触角，也帮助人类在一定程度上改造了自身的生存环境。物理学被公认为自然科学的基础，其他学科都可以在基础层面上还原为物理学。物理学中的许多研究方法成为许多其他科学门类的榜样。物理学的成就给了我们极大的信心：通过理性和严谨的科学方法，我们可以为整个宇宙提供一幅完整、精确的图景，尽管这幅图景有时匪夷所思。

　　在本章中，我们将视野扩大一些，来谈谈科学。在罗列了这么多成就之后，我们尤其关心这样的问题：物理学，或者说科学，是无所不能的吗？科学的边界在哪里？

　　"科学"的范围很广，我们很难像对待物理学那样框定科学的研究对象。"科学"一词在现代汉语中有时被当作形容词，比如有人会说"这不科学"。可见，与其说"科学"是一些研究领域的总称，不如说它是一系列研究方法。只要符合这些方法，就是"科学"的研究行为。

　　科学研究的一个特点是，研究对象必须是公共知识，也就是被所有人共享的一致经验，而不限于特定个体。举例来说，"我有一个不祥的预感""我的直觉告诉我应该这样做"，这些不能被视为公共知识，因为它们无法像"太阳东升西落"那样被所有人感知，进而成为共识。即使这种感觉对你来说频繁、有规律地出现，它也只属于你自己，而不属于科学的研究对象。

有一些概念听上去符合常识，很像公共知识，但仔细推敲，我们会发现它们不具备**操作定义**。"操作定义"是本书反复提到的概念，它在很多时候可以帮助我们区分科学与非科学的概念。比如，算命先生或者占星师可能会告诉你，你明天会"破财"。"破财"这个词听着很像公共知识，比如我在大街上骑自行车，不小心把路边的一辆汽车剐出一条划痕，赔了几百块钱。这种意外的财产损失会被公认为"破财"。那么，我去市场上买鱼，面对两个摊位、同样的鱼，我先在贵的那个摊位买了鱼，损失了几块钱，这算不算"破财"？再比如说，我买了一只股票，当天跌了 1%，这算不算"破财"？假设这只股票第二天表现超常，一整天都在涨，偏偏到第三天爆出丑闻，股价大跌，而丑闻发生的日期是第二天。那么，"破财"算是发生在第二天，还是第三天呢？正因为我们对"破财"这个模糊的日常经验缺乏量化的操作定义，算命先生才总是可以在事后找出一个事件，将其纳入他认为的"破财"概念范围内，从而立于不败之地。下次算命先生要再这么说，你可以问他：请问什么叫"破财"？是指我的总资产在明天累计减少 5% 以上，才算"破财"吗？我的资产应该如何计算？预料之中的事件（比如明天要帮孩子缴学费）算吗？不算的话，如何通过计算事件发生的概率来判断"意外"？另外，"破财"事件发生的时间该如何定义？是事件发生的日期，还是事件诱因的日期？如果是后者，可能有不止一个因素导致事件发生，哪一个才算？不断追问，将一个常识概念约化为一系列没有歧义的操作规范，所有人遵循这套规范都会得到同一个数，而没有主观判断的空间。只有这样的概念才能被纳入科学研究的范围。

不同科学门类的研究对象和发展程度不同，这导致操作定义的精度不同。比如，物理学可以很轻松地测量微秒级的时间，但是对地质学来说，最小的时间刻度也要一万年，各代之间不存在清晰的分界线。有些对象在早先不具备操作定义，比如心理学研究的情绪和性格。但是，随着科学的发展，人们设计出一系列具备操作定义的数值，作为这些概念的"代理"，比如通过问卷获得的量表、情绪产生时伴随的生理指标等，从而使不可能的研究成为可能。

有了具备操作定义的概念还不够。科学不能满足于描述和解释已有的现象，还必须能够预测未出现的现象。只有这样，理论才能被实践检验，去伪存真。弗洛伊德的精神分析理论就是典型的例子。精神分析理论的问题不仅在于它包含大量无法赋予操作定义的概念（比如潜意识、本我、自我、超我、力比多、情结，以及大量关于梦境和性心理的概念），还在于它侧重于对心理现象的解释，而没有提供一套系统的实验方案来量化预测结果。当一个人出现某种心理问题时，心理咨询师擅长挖掘他／她儿时的经历（特别是与性有关的经历），找出他／她的潜意识里的某种模式，然后通过对话，疏导或纠正潜意识里的症结。但是，这个过程往往是晦涩、模糊的，强烈依赖咨询师的主观共情能力。如果治疗过程不顺利，那么并不能证明精神分析理论错了，而只能说明对象的潜意识里尚有未被发掘的因素，需要更深入的诠释与干预。注意，这并不是说这种做法在临床上毫无效果，或只有安慰剂效应。尽管传统的精神分析理论现在已经被主流心理学范式所抛弃，但仍然有相当一部分心理咨询师在临床上或多或少地使用精神分析方法。而且，作为精神分析的重要概念之一，潜意识引发了心理学和社会学对于无意识行为、应激行为、偏见、歧视的研究。精神分析理论的很多重要思想被纳入科学框架中。

　　对于科学的预测性，奥地利科学哲学家卡尔·波普尔（Karl Popper）[①]提出"可证伪性"的标准。他指出，科学理论总是表述所有现象的全称判断，而不只是个体经验。因此，原则上，科学陈述不可以被有限经验所证实，却可以被一个反例证伪。换句话说，一个科学陈述的"力量"，在于它能承担多大的风险去应对将被证伪的场景；如果一个理论在原则上无法被证伪，那么它就不是科学。比如，在看到一万只天鹅都是白的后，如果我说"这一万只天鹅都是白的"，那么这不是科学判断，而仅仅是对这一万只天鹅的事实陈述。如果我通过归纳得出"所有的天鹅都是白的"，那么这就是一个科学判断。无论以后观察到多少白天鹅，都无法**证明**这个判断（不过可以加强人们对这个判断的信念）。但是，只要观察到一只非白的天鹅，就可以**证伪**这个判断。"天鹅本来并没有颜色，人看到一切天鹅形状的物体后在大脑中自动加上了颜色"，这个判断听上去头头是道，但若仔细推敲，你会发现，无论未来观察到天鹅是什么颜色的，都无法推翻这个判断。

　　然而，科学是非常复杂的过程。对于"个例即证伪"的严苛标准，波普尔也指出，它在实践中很难严格执行，因为一个反例的背后，往往存在测量偏差而导致其失效。因此，对于个例陈述，比如"这只天鹅是黑的"，它应当接受和全称命题"所有天鹅都是白的"一样严格的审视。这真的是一只天鹅，还是长相酷似天鹅的其他物

---

① 波普尔是第 7 章提到的维也纳学派的一位代表人物。

种？它真的是黑的，还是因为某种光学效果而看起来是黑的？波普尔认为，经验可以促成陈述，但不等同于陈述。判断一个陈述（无论是全称的还是个例的）的真伪本身是一个递归过程，直到科学共同体在某一点上达成共识。科学研究就是在这个更新迭代的过程中不断提出更容易被反例挑战并且经受住个例的理论陈述。

一个科学理论的力量，并不在于它给出的预测结果有多大概率是正确的，而恰恰相反，在于它有多大概率出错。想象这样的场景：你和朋友在咖啡厅里喝咖啡。朋友说："我有特异功能，我能告诉你下一个进门的人是什么样的。"你不信，朋友说："下一个进门的是一位女性。"果然如此。你略感惊讶，不过猜想可能是朋友运气好罢了，毕竟这家咖啡厅里的女性顾客居多。朋友看你将信将疑，又说："下一个进门的是一位背着双肩包且戴眼镜的男性。"果然，他又猜对了。此时，你开始相信朋友真的有特异功能，但你仍然心存疑问：咖啡厅附近有一个理工院校，像这样装扮的男生很常见，或许朋友又是猜的呢？朋友再次预言："下一个进门的是一位头发花白、精神矍铄的老先生，一米七左右，戴着墨镜和黑色哈瓦那帽，拄着一根银色拐杖。"当目睹下一个进门的人时，你彻底拜服了。

朋友的理论之所以显得有力，是因为他的预言每次都被应验了吗？假设朋友每次仅仅预言："下一个进门的是一个人。"虽然这个预言 100% 正确，但是毫无价值。预言的力量在于它排除多少其他可能性后仍然正确，即在于它提供了多少信息熵。

值得注意的是，科学追求全称命题，但这并不代表科学禁止不确定性。举例来说，不确定性是量子力学的内禀属性。我们会做出这样的预测："一个粒子有 30% 的概率在这里，有 70% 的概率在那里。"这听上去是一个不可证伪的判断——无论某个粒子最后出现在哪里，都不违背预测。但是，如果做足够多次实验，我们就可以验证 30%–70% 的概率分布是否准确。此外，我们还可以设计出更复杂的实验（例如贝尔实验），来甄别这种概率究竟是内禀概率，还是伪装在隐参数之外的概率。

以上关于操作定义和可证伪性的论述流行于 20 世纪 20～50 年代，即前文提到的逻辑实证论运动。它的兴起与相对论和量子力学的出现有着紧密联系，而且确实可以为许多科学与非科学的争辩提供清晰、简洁的评判标准。但是，它所刻画的科学理论过于刻板和僵化，有严重的逻辑谬误，也并没有被科学共同体当作教条遵守。因此，它从 20 世纪中叶开始受到挑战而日渐式微。

美国分析哲学家威拉德·冯·奥曼·蒯因（Willard Van Orman Quine）在 1951 年发表了《经验主义的两个教条》，并在其中批判了逻辑实证主义的两个基础论点：分析命题与综合命题有本质区别；一切有意义的命题最终都可以通过逻辑还原为经验，进而被证实或证伪。在第二条批判里，蒯因指出，一切理论都是由概念编织而成的网络，它作为一个整体指向经验，人们无法通过任何经验仅仅判断其中一个特定的陈述而不影响其他陈述，所以逻辑实证主义的证实或证伪原则在实际操作中是完全无效的。举个例子，平时每天都正常工作的电子密码锁，今天突然打不开了。这究竟证伪了哪个理论呢？可能是你的记忆出现了偏差，记错了密码；或者是密码锁没电了，无法响应按键；可能是密码锁的存储系统出了问题，丢失了正确密码；或者锁芯卡住了，尽管密码正确但无法打开；甚至可能锁已经打开了，但显示屏错误地显示密码不正确。更极端的原因可能是描述电路运作原理的麦克斯韦方程组出了问题，它只在大部分情况下和现实相符，而你碰到了千年一遇的反例。这个例子说明，"电子密码锁正常工作"这个论断实际上需要一系列理论的支持，甚至可以回溯到整个物理学的基础理论。"无法打开密码锁"这条经验将证伪其中某一环，还是将这个盘根错节的理论体系全盘否定？当然，你可以不断通过新的实验来逐一验证某个假说是否正确，但针对任何一次尝试，你总是可以找到一种可能性，来保全某个理论陈述而嫁祸于其他理论陈述，于是"经验证伪理论"实际上是完全无效的，除非你推翻的是整座理论大厦。

再举一个物理学中的例子。我们知道，按照牛顿力学，太阳系的行星沿椭圆轨道绕太阳公转。如果只有一颗行星，那么它的轨迹是固定的；但是，如果附近有其他行星影响，那么行星的轨道本身会漂移。1821年，法国天文学家亚历克西斯·布瓦尔（Alexis Bouvard）根据当时的观测数据和计算结果发表了天王星的轨道表（当时天王星是人们了解到的离太阳最远的系内行星），但随后观测到天王星的近日点发生了不符合预期的进动。当时，人们普遍相信这种误差来自一颗尚未被发现的新行星的干扰。20多年后，数学家和天文学家约翰·库奇·亚当斯（John Couch Adams）和于尔班·勒威耶（Urbain Le Verrier）各自独立地根据万有引力公式计算出神秘的第八颗行星的位置。在计算结果的引导下，海王星很快被发现。

类似的场景很快在1859年重现。当时，人们已经观测到水星的公转轨道在缓慢旋转，表现为轨道中最靠近太阳的点（近日点）

每过一个周期就会向前漂移一段距离，称为"进动"。但是，人们通过周围行星计算出的水星近日点进动速度与观测结果不符。有了发现海王星的成功经验，勒威耶坚信这种偏差背后是一颗尚未被发现的行星，他称之为"火神星"。但是，人们始终无法找到这颗神秘的行星。直到 1915 年爱因斯坦发表广义相对论，人们通过新理论计算出更符合观测结果的进动速度，才放弃寻找火神星。尽管水星近日点进动速度的偏差在当时没有导致牛顿力学被推翻，但是在广义相对论出现后立刻成为后者的有力佐证，也可以说证伪了牛顿引力理论。

按照"证伪原则"，两个案例都推翻了万有引力理论体系。只不过，前者推翻的不是"万有引力定律"本身，而仅仅是"太阳系中只有七颗行星"这个相对不那么重要的辅助陈述；而且当发现海王星后，人们对万有引力定律这个核心陈述更深信不疑。相比之下，后者推翻的是万有引力定律本身，代之以更准确的广义相对论。但这是事后诸葛亮式的分析。如果你是 19 世纪的勒威耶，那么你有能力做出这种区分吗？火神星假说并不比海王星假说荒谬，选择质疑行星构成自然比质疑万有引力定律合理得多。但是，逻辑实证主义在实践层面是完全失效的，它只能告诉我们万有引力理论作为一个整体被证伪了，却无法指导我们解决矛盾，寻找新的理论。

将观测作为理论的唯一准则是本末倒置的科学实践。如果将一切理论都从观测中排除出去，那么我们只能退化到依赖肉眼所见、亲耳所闻的原初经验阶段。然而物理学的发展是由日益成熟的观测技术所支撑的，观测技术背后是已被广泛接受的理论。理论决定我们观测什么，而非相反。这种关系的极致体现就是基本单位的定义。第 5 章介绍了物理常数与基本单位的关系。在 2019 年生效的最新国际单位制中，真空中的光速、普朗克常数、玻尔兹曼常数、单位电子电荷等物理常数被用来定义基本单位。这意味着它们背后的理论已经被定义为正确，可以指导观测行为。这种做法与观测优先原则显然相悖。

在许多逻辑实证主义者看来，科学理论仅仅是对经验的数学描述，和真实世界没有关系。我们能做的，仅仅是让它为下一次观测提供经验，并且在证实和证伪的过程中不断修正理论，让它在下一次表现得更好。因此，一切科学概念都应当为观测服务，一切无法被观测的概念都应该从理论中去除。当两个理论所做出的预测完全一样时，它们不仅在数学上等价，而且实际上就是同一个理论。但事实显然并非如此。物理学在每个发展阶段都充斥着大量当时无法被观测的概念：原子、电子、以太、黑洞、反物质、暗物质、多重宇宙、夸克、超弦……它们有些成为今天物理学的核心概念，有些被历史所淘汰，但都不是因为"无法被观测"而失去了存在的价值。即使有些概念看似永远无法被观测（例如多重宇宙），它也在观念上指导着理论的发展，而不是毫无意义的哲学争辩。

蒯因对逻辑实证主义的批判深刻影响了美国科学史家和科学哲学家托马斯·库恩（Thomas Kuhn），启发了后者从历史学和人类学视角探讨科学研究行为。归根结底，科学是由一群科学家组成的科学共同体的整体行为。与其站在科学家视角去评判科学，不如跳出来，从人类学视角去评判科学家，看看他们在科学发展的关键节点上扮演了什么样的角色。库恩在他的名著《科学革命的结构》中围绕科学发展中最动荡的阶段——科学革命——探讨了科学演变的逻辑。他将科学发展分为常规科学时期和科学革命时期。在大部分情况下，科学发展是渐进式的，人们为原有的科学框架添砖加瓦，扩展它的研究范围，提高它的解释精度和预测能力，像政权一样扩张它的疆域。在这个过程中，理论体系不可避免地会遇到挑战，例如无法解释的现象和违背预期的反例。如波普尔所担忧的那样，如果科学理论在实际操作中严格遵循"证伪原则"，仅仅一个反例就可以让理论大厦轰然倒塌，那么科学理论是非常脆弱的，会被频频推翻，难以成长为宏大的理论体系。因此，科学内部演化出一定的抗干扰张力，它强到足以让理论体系维持一定的弹性与韧劲，又不至于无视与日俱增的反例而故步自封。科学并不总是欢迎奇思妙想。如果科学在既定的路线下发展顺利，那么这些新想法只会被视为没有必要的干扰。面对有限反例时，人们并不会立刻质疑理论的正确性，也不会轻易地将大厦推倒重建。人们首先会判断实验过程是否严谨，是否由于操作不当引入了偏差；当低级错误被排除之后，人们会试图在理论内部进行调整，来接纳矛盾、化解危机。在这个过程中，人们通常从大厦顶部开始进行修正，尽量不影响其他理论分支。在大部分情况下，温和的改良就能够化解危机，理论大厦经历了一次挫折后变得更完整、更坚固了。但有时候，人们发现，化解危机要付出美学代价，原本简洁、优雅的理论被迫变得臃肿、烦琐。在更极端的情况下，反例如此顽固，以至于无论理论如何修改，都无法自圆其说，问题出在大厦的根基上。随着反例的积累，理论大厦再也不堪重负，于是引发科学革命，大厦被推倒重建。以第 1 章介绍的迈克耳孙 - 莫雷实验为例，当人们发现无论怎么重复实验都无法测出以太相对地球的速度时，便提出各种修补理论，例如"以太拖曳说"，即以太被地球拖着自转，使得以太和地面总是相对静止。原本简洁的静止以太模型变成一个复杂的流体问题。为了解决一个问题，引入许多新的问题，理论变得臃肿不堪。终于，爱因斯坦直捣经典物理大厦的基础，替换了时空测量的定义，彻底抛弃了烦琐、多余的以太假设，用更简洁、更符合实验观测结果的理论征服了物理学共同体，使物理学完成了一次革命。

库恩指出，科学理论总是依据某种框架来规范世界。人们不是在原始的时空事件序列上探讨世界，而是首先将它纳入理论预先规定的概念体系中，库恩称之为"范式"（paradigm）。我们所讨论的世界，不是一张张高清照片，而是世界通过范式呈现给我们的投影，是被高度浓缩的信息结晶。当用质量、动量、能量来描述物体的运动，用波长、频率、振幅来描述物体的颜色和亮度时，我们都已经预设了它们背后的理论。如果你是光粒子学说的拥趸，那么你不会接受"光的波长"这种称呼。教科书、操作定义和实验仪器都是理论大厦的基石。科学革命的核心是范式转换，新旧范式是不可通约的，原来的语言不适用了，世界向我们投影的角度变了，新的课题取代了旧的课题。随着新范式的确立，新一轮的常规科学开始发展，直到遇到下一次科学危机。

逻辑实证主义的式微伴随着科学实在论（scientific realism）的兴起。后者认为，科学研究的是一个客观存在、与意志行为无关的世界实体，科学理论是对这个实体的确切描述，或至少是一种描述尝试——唯有如此，才能解释科学为何如此成功。像原子、黑洞、夸克这些概念，如果仅仅是一种抽象的数学构建而与真实世界毫无关联，那么基于它们的理论能如此精确地预测现象，实在是太不可思议了；更不要说有大量像希格斯玻色子、引力波这样在提出后很多年才被发现的概念。当然，这并不意味着历史上出现过的所有概念都是真实的（以太就是一个反例），而是指物理学的发展过程是越来越贴近真实世界的过程，物理概念也越来越准确地描述物理实体。另外，如蒯因所论述的，我们无法真正区分经验描述和理论描述，也无法区分可观测的概念和不可观测的概念，因此我们只能将理论作为一个整体来看待。而这个整体，不以观测为界的话，只能对应一个更大、不依赖于观测者的实体，即世界本身。

关于逻辑实证主义和科学实在论的讨论就聊到这里，下面聊聊科学的另一个重要方法：实验。很多人将实验视作科学的必要条件。确实，现代科学的大部分研究工作在实验室里进行，即使是心理学、社会学等学科，面临的对象是个人或群体这样的复杂对象，科学家也会设计出一些符合科学伦理的实验。然而，许多学科只能依赖观测，而无法进行实验，比如宇宙学、天文学、地质学等。无法做实验并不代表不能做出预测。比如，第 2 章提到的日全食观测和人类于 2015 年首次探测到的引力波，都通过观测验证了广义相对论的预言。观测可以视作被动的实验。

那些依赖实验的学科都要遵循严格的实验规范。实验必须是可重复的，即在同样的环境、设备、操作流程下，无论是谁在什么时间、什么地点去做实验，都应该得到足够接近的结果。注意，我之所以说"足够接近"，而不是"完全一样"，是因为再精确的实验环境也难免有微小的差别，更何况有些学科（比如心理学）的研究对象本质上是独一无二的，不可能完全重复。此外，测量仪器本身也有精度限制，会带来测量误差。必须将所有这些因素都纳入实验的不确定性之中，并将实验结果以统计陈述的形式呈现出来。比如，我们不会说地球的质量是 5.9722×10^{24} 千克，而会说地球的质量有 68% 的可能介于 5.9716×10^{24} 千克和 5.9728×10^{24} 千克之间。相应地，两次实验得到的结论是否接近，也由统计值来表示。至于多大的概率算是一个"显著"的实验结果，这取决于科学共同体的约定。

有些实验的对象比较复杂，它们会在实验过程中产生影响结果的反馈机制，比如著名的"安慰剂效应"。美国麻醉师、医学伦理学家亨利·K.毕阙（Henry K. Beecher）在 1955 年发表了一篇题为《强大的安慰剂》的重要论文，明确指出大脑对药物的预期会产生显著的生理效果。换句话说，如果一个病人服用的不是药片，而是外观和药片一样的糖片，那么当病人以为自己服用了药片时，他/她的健康状况可能会获得一定程度的改善。因此，在测试药效时，需要排除这种预期带来的效应，专注于测量药物本身的疗效。单盲实验可以解决这个问题：将病人随机分成两组，给其中一组真药，给另一组外观和药完全一样的糖片，病人全程不知道自己在哪一组，然后比对效果。但是，研究人员发现，如果分配药的实验员知道病人吃的是真药还是安慰剂，他/她的反应可能会被实验对象捕捉，进而影响结果。因此，更好的方案是将药和安慰剂随机分为两组，但是分配药的实验员本身不知情，他/她也是"盲"的——这种方法称为双盲实验。毕阙在他的论文中首次强调了双盲实验的重要性，现在它已成为药物临床试验的标准操作。

物理学家总是追求简洁、优美、统一的理论。一些顶级的物理学家（如爱因斯坦和杨振宁）甚至相信，优美的理论更有可能是正确的。但是，美学价值并不是科学理论正确与否的标准，观测和实验仍然是唯一的准则。当今的物理理论呈现出非常强的对称性，但是仍然有一些打破对称的地方，例如弱相互作用宇称不守恒、电弱相互作用的混合角、正反粒子不对称、基本粒子的质量等。对于美的追求让物理学家对这些"瑕疵"感到不满，他们试图找到更深层的对称理论和对称性破缺的机制。如果科学仅仅是对某个客观真理的探索，那么科学家的目的仅仅是找到这个理论，而不应当掺杂进自己的审美倾向，这样做只会添加不必要的限制条件，甚至在寻宝旅程中走向歧途。

科学的边界还体现在它选择解释什么、不解释什么，而这个边界随着科学的演化而迁移。比如，面对地球绕太阳公转这件事，我们很自然地将牛顿第二定律和万有引力公式视为解释的终点。我们似乎认为以下问题是不需要解释的：地球为什么会出现在这个位置，而不是金星所处的位置？为什么地球公转轨道的偏心率是这个值，而不是别的值？为什么地球的自转轴和公转平面呈这个夹角，而不是平行或者垂直？这些问题看起来是由偶然因素决定的，它们只是恰好如此而已。如果它们变成别的值，那么既不违背基础理论，也不影响人类对宇宙的理解（当然，如果地球公转轨道不是今天这个样子，很可能就没有人类了，也就无所谓"人类对宇宙的理解"）。但解释的边界并不是静态的：柏拉图相信几何代表完美的秩序，行星轨道是按正多面体的结构排布的。开普勒受柏拉图的启发，尝试用五种正多面体和球体互相内接嵌套的模式来解释太阳系各大行星的轨道（见图 10-1），直到发现了开普勒三定律后才将其抛弃。开普勒三定律当然不能解释正多面体宇宙模型尝试解释的轨道位置，但人们欣然接受了这种解释，毫不为解释范围的萎缩而苦恼。

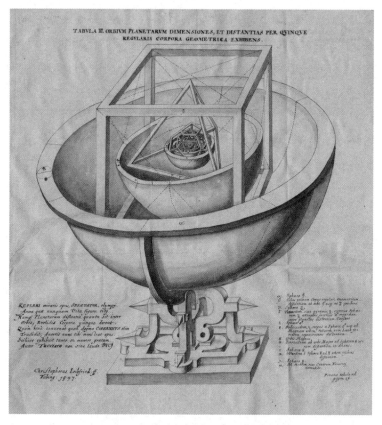

图 10-1　开普勒的正多面体宇宙模型

　　或许因为我们在宇宙中看到了太多其他参数的组合，相比之下地日模型的参数没有那么特别，所以我们心安理得地把这些问题抛给了无须解释的"偶然"。但是，如果把视野放大到只发生过一次的宇宙历史，那么我们会发现解释的边界并不清晰。

除了公式（例如广义相对论公式和薛定谔方程），构成科学理论的还有参数（例如万有引力常数和普朗克常数）。第 5 章指出，如果物理常数的数量多于物理单位的数量，那么在选择用某些常数构造自然单位之后，仍然剩余一些无量纲常数。针对这些常数，我们面临的问题是：是否需要解释"这些常数为什么是这些值"？

这句话很拗口，我们举一些具体的例子。物理学中有一类问题称为"微调问题"，它们试图解释：宇宙之所以成为今天这个样子，是因为某些物理常数极为精确地等于我们观测到的数值，如果它们的值稍微偏离一点儿，宇宙的样貌就会面目全非。物理学家相信，这些常数的值绝非偶然，其背后一定有着某种机制来**解释**它们。

微调问题的一个例子是第 6 章介绍的平坦性问题：我们今天观测到的宇宙非常平坦，这意味着宇宙的质能密度接近于一个临界值。根据弗里德曼方程，为了确保今天宇宙的平坦程度，在宇宙大爆炸开始那一刻，质能密度偏离临界值不能超过 10^{-62}，不然宇宙就会极为弯曲。为什么宇宙诞生时的质能密度如此精确？如果这是一个巧合，那也太巧了。为了解决这个微调问题（以及其他微调问题），人们提出暴胀理论。该理论提供了一个机制，使得无论宇宙诞生时的质能密度是多少，经历了暴胀阶段后，它都会被调整到使得宇宙平坦的程度。有了这个机制，宇宙的现状就不那么依赖巧合了。

微调问题的另一个例子是强相互作用宇称守恒。上册中的"动量、角动量、对称与守恒"一章介绍过，弱相互作用宇称不守恒。这说明，基本作用力是可以违背宇称守恒的，宇称守恒是很容易被打破的，符合宇称守恒反而是惊人的巧合。那么，问题来了：强相互作用为何如此精确地遵守宇称守恒？是否存在一个阻碍宇称破坏的机制？对于这个微调问题，目前尚没有一个较具说服力的理论来解释。

可见，对科学共同体来说，面对一个既定的宇宙，其中什么是被欣然接受的事实，什么是需要进一步解释的巧合，并没有一条金科玉律。解释的边界随着科学的演化不断迁移。

最后再以物理学为例，讨论不同学科的边界。上册开篇提到，物理学研究的是最基本的自然现象，那些相对复杂的对象，由其他学科研究，例如化学、生物学、生理学、心理学、社会学、经济学、政治学等。不同学科并不总是研究不同对象，而常常研究相同对象的不同层面。如果我们研究高空跳伞运动员，就会把他／她当作一个物理对象，来研究他／她受到的重力、不同形态下的空气阻力。如果我们研究人摄入的营养，就会研究人和食品的化学元素。如果我们研究人的遗传特征，就会研究基因表达。如果我们研究人体机能和生命现象，就会研究人的生理构成。如果我们研究情绪、认知、人格，就会对个体进行一系列心理学实验和问卷调查。我们说，不同学科研究的是人的不同**层面**，而不是不同**方面**。这是因为，我们相信这些学科之间存在"还原链"。人的心理活动，归根结底由一系列复杂的生理反应构成；生理机能由大量细胞的交互决定；细胞的行为由大分子的化学反应决定；而一切化学反应，归根结底都是分子或原子之间的复杂作用。但是，正如上册中的"热"一章所解释的那样，我们不可能通过尽数所有气体粒子的轨迹来描述气体的宏观现象，必须用更精简、更高层次的物理概念来描述。同理，虽然我们知道化学反应本质上是所有构成反应物的基本粒子的量子态演化过程，但想用薛定谔方程来推演化学过程，计算量大到令人绝望。事实上，除了对静态单个氢原子的电子特性了如指掌，物理学家对于多粒子态的定量了解非常粗糙，更别说化学反应这种经常处于剧烈变化之中的多粒子量子态演化行为。事实上，在物理学内部，也需要用完全不同的方法来研究凝聚相的多粒子体系（比如固体），这是凝聚态物理学的工作。尽管了解化学反应的量子力学本质非常有用，但绝大部分化学研究工作，总体上还是使用自成一体的化学范式，而不是被当作"应用物理学"。

我们可以说"人不过是一堆原子和分子"，这样说并没有错，但它抹杀了人的丰富层次，对于**认识**"人"没有任何帮助。还原方法可以帮助我们了解不同学科之间的关联，但不应当成为否认高级学科的理由。同理，即使我们对个人的思想、情感、认知非常了解，也不代表我们能掌握群体构成的社会行为、经济行为、政治行为，乃至整个人类文明。更何况，不同的人千差万别，这种差别通过非线性的交互放大，形成庞大的复杂系统，不可能用单一框架解释所有方面。

如果想认识一座城市，那么还原论者可能会搜集关于这座城市的一切数据：社区分布、劳动力结构、产业结构、气候、语言、大众娱乐方式等，甚至可以细致到把每一家餐馆、每一家公司的日常行为都详细地记录下来。但是，如果没有亲自在这座城市里居住、工作一段时间，没有获得关于城市气质和精神的直观体验，没有感受到城市的肌理，我们无法说自己**了解**这座城市，而只是迷失在还原后的海量"基本粒子"里。

近几百年来，科学的长足进步让人类对世界的认识发生了跃迁；借助技术，人类的生活水平和改造自然的能力也大幅提升。我们今天已经很难想象没有现代科学和现代技术的生活会是什么样子。然而，科学只是人类认识世界的视角之一，却不是唯一的视角。科学的强大，表现在它的确定性和统一图景，这同时构成了科学至上主义的危险，因为人的思维、情感、道德、审美等科学无能为力的领域，是易变且多元的，无法用单一、静态的框架来限定。作为物理学家，我们可以骄傲地欣赏自己统一宇宙的功绩，但作为人，我们要反思科学的边界，并且透过丰富的视角，拓展世界向我们呈现的维度。

附　录

推导洛伦兹变换公式

　　洛伦兹变换公式的推导思路和用到的数学工具并不复杂，没有超出初中数学的范围。只是为了不跳过每一个细节，本附录略显冗长。我之所以把推导过程详尽地展示出来，是因为它非常有助于理解狭义相对论如何从"光速不变"这条基本假设出发，推导出新的时空关系。

　　假设有两个参考系，O 和 O'，后者相对前者以速度 v 沿 X 轴正方向做匀速直线运动。假定在 $t=0$ 的时刻，两个参考系的原点重合（如果原点不重合，只需再作一次平移即可），三个坐标轴也重合（如果坐标轴不重合，只需再作一次旋转即可）。现在，我们考虑以下三个事件。

　　事件 1：在两个坐标系重合那一刻，从原点沿 X 轴正方向发射一束光（见图 A–1）。

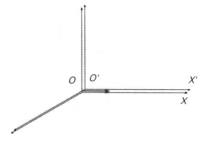

图 A–1　事件 1

事件 2：经历一段时间后，光击中位于 O' 的原点右边的一面镜子，然后立刻反射（见图 A-2）。

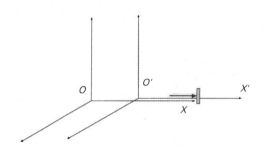

图 A-2　事件 2

事件 3：光回到 O' 的原点（见图 A-3）。

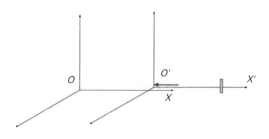

图 A-3　事件 3

注意，这里暗含了一条假设，即参考系的相对速度 v 小于光速，不然光追不上参考系，事件 2 和事件 3 都不会发生。

由于两个参考系的相对运动是沿着 X 轴方向的，因此三个事件也都发生在 X 轴方向上。根据对称性，两个参考系的 Y 轴和 Z 轴不受影响，因此这两个坐标轴的变换规则与伽利略变换相同：

$$y' = y$$
$$z' = z$$

为简单起见，我们之后忽略 y 和 z。于是，这三个事件在两个参考系中表示如下。

	O	O'
事件 1	$t=0$ $x=0$	$t'=0$ $x'=0$
事件 2	$t=t_1$ $x=x_1$	$t'=t_1'$ $x'=x_1'$
事件 3	$t=t_2$ $x=x_2$	$t'=t_2'$ $x'=x_2'$

现在我们看看这三个事件在两个参考系中分别意味着什么。

就事件 1 而言，此时两个参考系重合，所以 t 和 x 都是 0。

就事件 2 而言，在两个参考系看来，光速（记为 c）是恒定的，所以在两个参考系中都满足：

$$x_1 = ct_1$$
$$x_1' = ct_1'$$

在 O 看来，O' 的原点以速度 v 往前移动了 t_1，此刻的位置是：

$$vt_1$$

在 O 看来，此刻 O' 的原点和光（也就是镜子）之间的距离是：

$$x_1 - vt_1 = ct_1 - vt_1$$

就事件 3 而言，在 O 看来，O' 的原点和光之间是相遇过程，相对速度是 $c+v$，相遇所需时间等于相遇距离除以相对速度：

$$\frac{ct_1 - vt_1}{c+v} = \frac{c-v}{c+v}t_1$$

在 O 看来，此刻的时间应该是这个值加上 t_1，也就是说：

$$t_2 = t_1 + \frac{c-v}{c+v}t_1 = \frac{2c}{c+v}t_1$$

此时 O' 的原点位置在 O 看来就是这个时间乘以 v 所对应的位置：

$$x_2 = vt_2 = \frac{2cv}{c+v}t_1$$

在 O' 看来，光往返的时间应该是一样的，所以：

$$t_2' = 2t_1'$$

在 O' 看来，此刻光回到原点，所以：

$$x_2' = 0$$

我们需要寻找 (x', t') 与 (x, t) 之间的变换关系。由于时间和空间的平移对称性，这个变换关系一定是线性 [①] 的。最一般的线性关系是：

$$x' = E(v)x + F(v)t + 常数_1$$
$$t' = G(v)x + H(v)t + 常数_2$$

其中，$E(v)$、$F(v)$、$G(v)$、$H(v)$ 是 v 的 4 个函数，也就是我们需要寻找的变换关系。通过事件 1，可以得出两个常数都是零。

事件 2 在 O' 中写作：

$$t_1' = G(v)x_1 + H(v)t_1$$
$$x_1' = E(v)x_1 + F(v)t_1$$

将之前得出的 $x_1 = ct_1$ 代入：

$$t_1' = G(v)ct_1 + H(v)t_1 = \left[G(v)c + H(v)\right]t_1 \quad （记作公式 A）$$
$$x_1' = E(v)ct_1 + F(v)t_1 = \left[E(v)c + F(v)\right]t_1 \quad （记作公式 B）$$

之前还得出 $x_1' = ct_1'$，代入公式 A 和 B 可以得出：

$$\left[E(v)c + F(v)\right]t_1 = c\left[G(v)c + H(v)\right]t_1$$

---

① "线性"的含义是，因变量的变化与自变量的变化成正比。比如，自变量增加 1，因变量增加 3；那么自变量增加 2 的话，因变量就应该增加 6。一元一次函数表示的就是最简单的线性关系。

将等号两边的 t_1 消去，得到：

$$E(v)c + F(v) = G(v)c^2 + H(v)c \quad （记作公式 C）$$

再看事件 3，通过一般线性关系展开为：

$$t_2' = G(v)x_2 + H(v)t_2$$
$$x_2' = E(v)x_2 + F(v)t_2$$

之前得出：

$$t_2 = \frac{2c}{c+v}t_1$$
$$x_2 = \frac{2cv}{c+v}t_1$$

代入后得到：

$$t_2' = G(v)\frac{2cv}{c+v}t_1 + H(v)\frac{2c}{c+v}t_1 \quad （记作公式 D）$$
$$x_2' = E(v)\frac{2cv}{c+v}t_1 + F(v)\frac{2c}{c+v}t_1 \quad （记作公式 E）$$

之前还得出：

$$t_2' = 2t_1'$$

代入公式 A：

$$t_2' = 2\big[G(v)c + H(v)\big]t_1$$

代入公式 D：

$$t_2' = G(v)\frac{2cv}{c+v}t_1 + H(v)\frac{2c}{c+v}t_1 = 2\big[G(v)c + H(v)\big]t_1$$

等号两边消去 $2t_1$，再乘以 $c+v$：

$$G(v)cv + H(v)c = \big[G(v)c + H(v)\big](c+v)$$

展开并整理一下，得到：

$$G(v)c^2 + H(v)v = 0$$

可见，$H(v)$ 和 $G(v)$ 有非常简单的关系：

$$H(v) = -\frac{c^2}{v}G(v) \quad （记作公式 F）$$

之前还得出：

$$x_2' = 0$$

代入公式 E，得到：

$$E(v)\frac{2cv}{c+v}t_1 + F(v)\frac{2c}{c+v}t_1 = 0$$

等号两边除以 $2ct_1$，再乘以 $c+v$：

$$E(v)v + F(v) = 0$$

可见，$E(v)$ 和 $F(v)$ 也有非常简单的关系：

$$F(v) = -E(v)v \quad （记作公式 G）$$

将公式 F 和公式 G 代入公式 C：

$$E(v)c + \left[-E(v)v\right] = G(v)c^2 + \left[-\frac{G(v)c^2}{v}\right]c$$

我们可以得到 $E(v)$ 和 $G(v)$ 之间的简单关系：

$$E(v) = -\frac{c^2}{v}G(v) （记作公式 H）$$

结合公式 G 和公式 H：

$$F(v) = c^2 G(v) （记作公式 I）$$

公式 F、H、I 告诉我们，4 个系数函数都可以用 $G(v)$ 来表示。现在，我们只剩下最后一个任务：推导 $G(v)$。

　　我们还能从这些设定中提取什么信息呢？O 和 O' 有着非常好的对称性。在 O 看来，O' 沿着 X 轴正方向以速度 v 运动；反过来，在 O' 看来，O 沿着 X 轴负方向运动，速度也是 v。我们已经知道

从 O 到 O' 的坐标变换。现在我们引入第三个参考系 O''，它和 O' 在 $t'=0$ 的时候原点重合、三个坐标轴重合，并且，O'' 相对于 O' 沿着 X 轴负方向以速度 v 运动（换句话说，它沿着 X 轴正方向以速度 $-v$ 运动）。在这种情况下，O'' 相对于 O' 必须满足：

$$x'' = E(-v)x' + F(-v)t'$$
$$t'' = G(-v)x' + H(-v)t'$$

根据最初设定的 O' 和 O 之间的变换关系：

$$x' = E(v)x + F(v)t$$
$$t' = G(v)x + H(v)t$$

代入得到：

$$x'' = E(-v)\left[E(v)x + F(v)t\right] + F(-v)\left[G(v)x + H(v)t\right]$$
$$t'' = G(-v)\left[E(v)x + F(v)t\right] + H(-v)\left[G(v)x + H(v)t\right]$$

展开并整理后得到：

$$x'' = \left[E(-v)E(v) + F(-v)G(v)\right]x + \left[E(-v)F(v) + F(-v)H(v)\right]t$$

（记作公式 J）

$$t'' = \left[G(-v)E(v) + H(-v)G(v)\right]x + \left[G(-v)F(v) + H(-v)H(v)\right]t$$

（记作公式 K）

通过公式 F、H、I，我们可以得出：

$$H(-v) = -\frac{c^2}{(-v)}G(-v) = \frac{c^2}{v}G(-v)$$

$$E(-v) = -\frac{c^2}{(-v)}G(-v) = \frac{c^2}{v}G(-v)$$

$$F(-v) = c^2G(-v)$$

将这三个公式和公式 F、H、I 都代入公式 J 和 K：

$$x'' = c^2\left(1 - \frac{c^2}{v^2}\right)G(v)G(-v)x$$

$$t'' = c^2\left(1 - \frac{c^2}{v^2}\right)G(v)G(-v)t$$

O'' 和 O 是什么关系？O' 相对 O 向右运动，O'' 相对 O' 向左运动，所以 O'' 和 O 其实是同一个参考系！也就是说：

$$x'' = x$$

$$t'' = t$$

两个公式引向同一个结论：

$$c^2\left(1 - \frac{c^2}{v^2}\right)G(v)G(-v) = 1$$

也就是：

$$G(v)G(-v) = \frac{1}{c^2\left(1 - \frac{c^2}{v^2}\right)}$$

我们离推导出 $G(v)$ 已经非常接近了。仔细观察这个公式，我们一开始就假设了 $v<c$，这意味着等号右边小于零。$G(v)G(-v)$ 是负数，说明 $G(v)$ 是 v 的奇函数，即：

$$G(-v) = -G(v)$$

于是：

$$-G(v)^2 = \frac{1}{c^2\left(1-\dfrac{c^2}{v^2}\right)}$$

即：

$$G(v)^2 = \frac{v^2}{c^2(c^2-v^2)}$$

$G(v)$ 有两个可能的值：

$$G(v) = \frac{v}{c\sqrt{c^2-v^2}}$$

或：

$$G(v) = \frac{-v}{c\sqrt{c^2-v^2}}$$

我们根据之前的线索判断究竟哪个正确。回顾公式 A：

$$t_1' = [G(v)c + H(v)]t_1$$

将公式 F 代入，得到：

$$t_1' = G(v)c\left(1 - \frac{c}{v}\right)t_1$$

注意，在 O 和 O' 中，事件 2 都发生在未来，即：

$$t_1 > 0$$
$$t_1' > 0$$

因此，我们得到：

$$G(v)c\left(1 - \frac{c}{v}\right) > 0$$

我们已经假设参考系的相对速度 v 小于光速 c，即：

$$1 - \frac{c}{v} < 0$$

因此，$G(v) < 0$，即：

$$G(v) = \frac{-v}{c\sqrt{c^2 - v^2}}$$

这样一来，我们就推导出了 $G(v)$。根据公式 F、H、I，我们也就得

到了 $H(v)$、$E(v)$、$F(v)$。整理一下，我们得到完整的变换关系：

$$x' = \frac{1}{\sqrt{1-\dfrac{v^2}{c^2}}}x - \frac{v}{\sqrt{1-\dfrac{v^2}{c^2}}}t$$

$$t' = -\frac{v}{c^2\sqrt{1-\dfrac{v^2}{c^2}}}x + \frac{1}{\sqrt{1-\dfrac{v^2}{c^2}}}t$$

为简洁起见，我们通常将其表示为：

$$x' = \gamma(x - vt)$$

$$t' = \gamma\left(t - \frac{vx}{c^2}\right)$$

$$\gamma = \frac{1}{\sqrt{1-\dfrac{v^2}{c^2}}}$$

这就是由惯性协变性原理推导出的惯性参考系之间的坐标变换，称为"洛伦兹变换"，其中 γ（希腊字母，读作 /ˈgæmə/）称为"洛伦兹因子"。

在刚才的推导过程中，我们假设 $v<c$。如果存在大于光速的参考系相对速度，那么会发生什么？刚才设定的三个事件中，因为光追不上 O'，所以事件 2 不会发生。我们修改一下设定，假设镜子在 O 中，事件 2 是光抵达镜子，事件 3 是光反射回去并抵达 O 的原点（见图 A-4～图 A-6）。

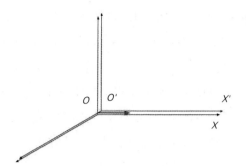

图 A-4　事件 1

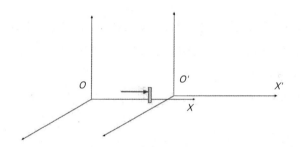

图 A-5　事件 2

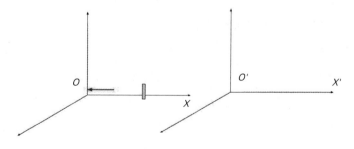

图 A-6　事件 3

在 O' 看来，O 向左退的速度超过光速。因此，在 O' 看来，这束光是向左传播的（不然的话，这束光会抵达 O' 的原点），并且速度为常数 c，起初位于原点右边的镜子向左追这束光。光在击中镜子并反射后，仍然朝左运动——这就非常奇怪了，因为在 O' 看来，光在反射前后都向左运动，并没有发生"反射"这个过程。更奇怪的是，因为 O 的后退速度比光速大，所以光是不可能追上 O 的原点的，也就是说，在 O' 看来，事件 3 根本不可能发生。可见，相对速度超过光速的两个惯性参考系，无法对同一个事件序列进行描述，更别说物理定律在两个参考系中相同了。

如果参考系的相对速度小于光速，即 $v < c$，但在 O 中有一个超光速运动的物体，那么在 O' 中也会发现奇怪的现象。假设在 O 看来，这个物体在 $t = 0$ 时从原点出发（事件 1），以速度 u 向右移动。在时刻 t，它到达位置 $x = ut$（事件 2）。事件 2 在 O' 看来，发生的时间是：

$$t' = \gamma\left(t - \frac{vx}{c^2}\right) = \gamma\left(1 - \frac{vu}{c^2}\right)t$$

当物体的速度超光速，即 $u > c$ 时，括号内的项可能是负数。举个例子，假设 $v = 0.99c$，$u = 1.02c$：

$$1 - \frac{vu}{c^2} = -0.0098 < 0$$

这意味着：

$$t' < 0$$

也就是说，在 O' 看来，事件 2 先于事件 1 发生。注意，这两个事件不仅是哪个先发生那么简单（之前说过，同时性是相对的），更重要的是，事件 1 是事件 2 发生的**原因**。只有物体从原点出发（原因），它才会到达事件 2 的位置（结果）。超光速的事件序列会导致在另一个惯性参考系中发生因果倒置。假设这个物体是一颗子弹，事件 1 是一个人用枪发射子弹，事件 2 是另一个人中枪倒地，那么在 O' 看来，后者倒地发生在前者射击之前，这显然是违背逻辑的。

同时性是相对的，但因果顺序是绝对的。超光速运动的物体违背了因果顺序。

于是，基于光速不变的设定，我们得出这样的结论：不存在超光速的惯性参考系，也不存在超光速运动的物体。

当物理定律要求一个速度（光速）在所有惯性参考系中都**相同**时，我们必然推导出这个速度是所有物体速度的**极限**。这是狭义相对论非常重要且深刻的一个结论。